农村书屋
NONGCUN SHUWU XILIE 系列

U0265572

山鸡高效养殖技术一本通

葛明玉　赵伟刚　李淑芬　编著

化学工业出版社

·北京·

本书总结了我国近年来养殖山鸡的实践经验，收集了国内外养殖山鸡的新技术、新方法，重点介绍了山鸡高效养殖技术的原理与具体措施。书中对山鸡的品种类型、繁殖育种、孵化技术、营养饲养、疾病防治、建场规划、经营管理与产品加工利用等内容做了较为系统的叙述。本书理论联系实际，通俗易懂，实用性强，可供山鸡养殖场的技术和管理人员及专业养殖户参考。可使山鸡养殖业的新手入门通路，老手的养殖技术精益求精，亦可作为农业研究人员的参考资料。

图书在版编目（CIP）数据

山鸡高效养殖技术一本通/葛明玉，赵伟刚，李淑芬编著. —北京：化学工业出版社，2010.5（2024.5重印）
（农村书屋系列）
ISBN 978-7-122-07980-0

Ⅰ.山…　Ⅱ.①葛…②赵…③李…　Ⅲ.环颈雉-饲养管理　Ⅳ.①S839

中国版本图书馆CIP数据核字（2010）第046357号

责任编辑：邵桂林　　　　文字编辑：周　倜
责任校对：边　涛　　　　装帧设计：关　飞

出版发行：化学工业出版社
（北京市东城区青年湖南街13号　邮政编码100011）
印　　装：北京科印技术咨询服务有限公司数码印刷分部
850mm×1168mm　1/32　印张6¾　字数178千字
2024年5月北京第1版第24次印刷

购书咨询：010-64518888
售后服务：010-64518899
网　　址：http://www.cip.com.cn
凡购买本书，如有缺损质量问题，本社销售中心负责调换。

定　　价：25.00元

出 版 者 的 话

党的十七大报告明确指出："解决好农业、农村、农民问题，事关全面建设小康社会大局，必须始终作为全党工作的重中之重。"十七大的成功召开，为新农村发展绘就了宏伟蓝图，并提出了建设社会主义新农村的重大历史任务。

建设一个经济繁荣、社会稳定、文明富裕的社会主义新农村，要靠改革开放，要靠党的方针政策。同时，也取决于科学技术的进步和科技成果的广泛运用，并取决于劳动者全员素质的提高。多年的实践表明，要进一步发展农村经济建设，提高农业生产力水平，使农民脱贫致富奔小康，必须走依靠科技进步之路，从传统农业开发、生产和经营模式向现代高科技农业开发、生产和经营模式转化，逐步实现农业科技革命。

化学工业出版社长期以来致力于农业科技图书的出版工作。为积极响应和贯彻党的十七大的发展战略、进一步落实新农村建设的方针政策，化学工业出版社邀请我国农业战线上的众多知名专家、一线技术人员精心打造了大型服务"三农"系列图书——《农村书屋系列》。

《农村书屋系列》的特色之一——范围广，涉及100多个子项目。以介绍畜禽高效养殖技术、特种经济动物高效养殖技术、兽医技术、水产养殖技术、经济作物栽培、蔬菜栽培、农资生产与利用、农村能源利用、农村老百姓健康等符合农村经济及社会生活发展趋势的题材为主要内容。

《农村书屋系列》的特色之二——技术性强，读者基础宽。以突出强调实用性为特色，以传播农村致富技术为主要目标，直接面向农村、农业基层，以农业基层技术人员、农村专业种养殖户为主要读者对象。本着让农民买得起、看得会、用得上的原则，使广大读者能够从中受益，进而成为广大农业技术人员的好帮手。

《农村书屋系列》的特色之三——编著人员阵容强大。数百位编著人员不仅有来自农业院校的知名专家、教授,更多的是来自在农业基层实践、锻炼多年的一线技术人员,他们均具有丰富的知识和经验,从而保证了本系列图书的内容能够紧紧贴近农业、农村、农民的实际。

科学技术是第一生产力。我们推出《农村书屋系列》一方面是为了更好地服务农业和广大农业技术人员、为建设社会主义新农村尽一点绵薄之力,另一方面也希望它能够为广大一线农业技术人员提供一个广阔的便捷的传播农业科技知识的平台,为充实和发展《农村书屋系列》提供帮助和指点,使之以更丰富的内容回馈农业事业的发展。

谨向所有关心和热爱农业事业,为农业事业的发展殚精竭虑的人们致以崇高的敬意!衷心祝愿我国的农业事业的发展根深叶茂,欣欣向荣!

化学工业出版社

前　言

山鸡是雉鸡的商用名或通用名。因其肉味鲜美，成为世界各国的主要猎禽。近百年来由于自然环境的变化，野生资源日渐稀少，人工养殖山鸡已成为世界养禽业的一项新兴产业。

我国是世界上最早利用山鸡资源的国家，远在 3000 年前的殷商时代就有记载，汉书《尔雅》将山鸡做过分类，唐朝将山鸡列为玩赏鸟种之一，明朝《本草纲目》记述了山鸡的医用价值，清朝一些宫廷食谱还记载了山鸡的多种烹饪方法。

我国人工驯养山鸡历史很短，是从 20 世纪 80 年代开始的。20 多年来，我国山鸡养殖业从无到有、从小到大，终于成为养禽业中的一枝新秀，为带动农村经济发展和改善广大民众的肉食结构起到了重要作用。

由于山鸡养殖业具有投资小、见效快、易饲养、高效益等特点，成为众多养殖业的主选项目。同时也应看到，面对变化莫测的市场形势，竞争激烈的实际情况，生产者必须有高水平的养殖技术和管理措施，才能使这项事业健康发展。遗憾的是我国缺少山鸡养殖专著，不少养殖户饲养管理技术落后，养殖效益大打折扣。为普及和推广山鸡养殖新技术，我们编写了此书，希望对三农的发展尽一点绵薄之力。

本书总结了我国近年来养殖山鸡的实践经验，收集了国内外养殖山鸡的新技术、新方法，重点介绍了山鸡高效益养殖技术的原理与具体措施。本书对山鸡的品种类型、繁殖育种、孵化技术、营养与饲养、疾病防治、建场规划、经营管理与产品加工利用等内容做了较为系统的叙述。本书理论联系实际，通俗易懂，实用性强，可供山鸡养殖场的技术和管理人员及专业养殖户参考。可使山鸡养殖业的新手入门通路，老手的养殖技术精益求精，亦可作为农业研究人员的参考资料。

由于编著者专业知识水平有限，书中难免会出现疏漏或不足之处，敬请批评指正，不胜感谢。

编著者

2010 年 2 月

目　录

第一章　绪论 …………………………………………………………… 1

第一节　山鸡的经济意义 …………………………………………… 1

一、满足人民物质生活的需要 …………………………………… 1

二、增加我国出口创汇品种 ……………………………………… 2

三、是发展农村经济的好项目 …………………………………… 2

第二节　山鸡的养殖概况 …………………………………………… 3

一、我国山鸡养殖概况与发展对策 ……………………………… 3

二、国外养殖概况 ………………………………………………… 4

第二章　山鸡的生态特性与品种类型 …………………………… 6

第一节　生态特性 …………………………………………………… 6

一、分布与分类 …………………………………………………… 6

二、生活习性 ……………………………………………………… 6

三、食性特点 ……………………………………………………… 7

四、繁殖特性 ……………………………………………………… 8

第二节　品种类型 …………………………………………………… 9

一、肉用型山鸡 …………………………………………………… 9

二、狩猎型山鸡 …………………………………………………… 11

三、观赏型山鸡 …………………………………………………… 13

第三章　山鸡的繁育 ……………………………………………… 15

第一节　繁殖生理 …………………………………………………… 15

一、雄性生殖器官的构造与机能 ………………………………… 15

二、雌性生殖器官的构造与机能 ………………………………… 16

三、产蛋的规律性 ………………………………………………… 18

四、蛋的构造和成分 ……………………………………………… 19

第二节　山鸡的选种 ………………………………………………… 20

一、根据外貌与生理特征的选择 ………………………………… 20

二、根据记录成绩的选择 ………………………………………… 22

第三节　山鸡的配种 ………………………………………………… 23

一、山鸡的选配 …………………………………………………… 23

二、配种年龄与配偶比例 …………………………… 24

三、配种方法 …………………………………………… 25

第四节　山鸡的经济性状及其遗传 ………………… 26

一、蛋用性状 …………………………………………… 26

二、肉用性状 …………………………………………… 28

三、其它性状 …………………………………………… 28

第五节　山鸡的育种 ………………………………… 29

一、育种方法 …………………………………………… 29

二、育种操作技术 ……………………………………… 32

第四章　山鸡的人工孵化 ………………………… 40

第一节　山鸡的胚胎发育 …………………………… 40

一、人工孵化与山鸡的孵化期 ……………………… 40

二、蛋形成过程中的胚胎发育 ……………………… 40

三、孵化期间的胚胎发育 …………………………… 41

第二节　种蛋的管理 ………………………………… 43

一、种蛋的选择 ……………………………………… 43

二、种蛋的贮存和运输 ……………………………… 44

三、种蛋的消毒 ……………………………………… 45

第三节　孵化条件 …………………………………… 46

一、温度 ……………………………………………… 46

二、湿度 ……………………………………………… 47

三、通风 ……………………………………………… 47

四、翻蛋 ……………………………………………… 48

五、晾蛋 ……………………………………………… 48

第四节　孵化效果的检查与分析 …………………… 48

一、孵化效果检查 …………………………………… 48

二、孵化效果分析 …………………………………… 52

第五节　常用的孵化方法及其管理 ………………… 53

一、机器孵化法 ……………………………………… 53

二、火炕孵化法 ……………………………………… 58

三、热水袋孵化法 …………………………………… 60

四、孵化记录 ………………………………………… 61

第五章　营养与饲料 ……………………………… 64

第一节　山鸡的消化特点 …………………………… 64

一、消化器官的构造 ·································· 64

二、消化特点 ·································· 65

第二节　山鸡的营养需要 ·································· 66

一、能量 ·································· 66

二、蛋白质 ·································· 67

三、矿物质 ·································· 68

四、维生素 ·································· 69

五、水 ·································· 70

第三节　常用的饲料 ·································· 70

一、能量饲料 ·································· 70

二、蛋白质饲料 ·································· 71

三、矿物质饲料 ·································· 72

四、维生素饲料 ·································· 73

五、饲料添加剂 ·································· 73

六、山鸡常用饲料的营养成分 ·································· 74

第四节　山鸡的饲养标准和日粮配合 ·································· 76

一、饲养标准 ·································· 76

二、日粮配合 ·································· 79

第六章　山鸡的饲养管理 ·································· 84

第一节　生长发育特点与饲养阶段划分 ·································· 84

一、生长发育特点 ·································· 84

二、饲养阶段的划分 ·································· 88

第二节　育雏期的饲养管理 ·································· 90

一、育雏条件 ·································· 90

二、育雏前的准备 ·································· 92

三、育雏方式 ·································· 93

四、饲养管理技术 ·································· 96

第三节　育成期的饲养管理 ·································· 102

一、中雏的饲养管理 ·································· 102

二、大雏的饲养管理 ·································· 105

三、后备种鸡的饲养管理 ·································· 107

第四节　种鸡的饲养管理 ·································· 108

一、繁殖准备期的饲养管理 ·································· 108

二、繁殖期的饲养管理 ·································· 110

三、换羽期和越冬期的饲养管理 ···················· 113

四、提高种蛋受精率的管理措施 ···················· 114

第七章　疾病防治 ··· 116

第一节　疾病防治措施 ····································· 116

一、卫生防疫措施 ·· 116

二、疾病的诊断与治疗 ····································· 119

第二节　病毒性传染病及其防治 ······················· 121

一、鸡新城疫 ··· 121

二、禽痘 ·· 123

三、马立克病 ··· 125

四、禽流感 ·· 126

第三节　细菌性传染病及其防治 ······················· 128

一、禽霍乱 ·· 128

二、鸡白痢 ·· 130

三、禽结核 ·· 131

四、鸡伤寒 ·· 133

五、禽副伤寒 ··· 134

六、大肠杆菌病 ··· 136

七、曲霉菌病 ··· 137

第四节　寄生虫病及其防治 ····························· 138

一、鸡球虫病 ··· 138

二、盲肠肝炎 ··· 140

三、蛔虫病 ·· 141

四、鸡虱 ·· 142

第五节　中毒病及其防治 ································· 143

一、黄曲霉毒素中毒 ·· 143

二、痢特灵中毒 ··· 144

三、食盐中毒 ··· 145

第六节　普通病及其防治 ································· 146

一、维生素 A 缺乏症 ······································· 146

二、维生素 D 缺乏症 ······································· 147

三、维生素 B_2 缺乏症 ····································· 148

四、嗉囊病 ·· 148

五、啄癖 ·· 149

第八章　山鸡场的环境与设计 ······ 150

第一节　环境的选择 ······ 150
一、环境选择的原则 ······ 150
二、场址的必备条件 ······ 151

第二节　建筑设计与布局 ······ 152
一、建筑物的设计 ······ 152
二、布局 ······ 156

第三节　养鸡设备与用具 ······ 157
一、饲料加工设备 ······ 157
二、孵化设备 ······ 158
三、育雏设备 ······ 159
四、饲养用具 ······ 161
五、运鸡用具 ······ 163
六、其它设备与用具 ······ 165

第九章　山鸡场的经营管理 ······ 166

第一节　经营管理概念 ······ 166
一、经营 ······ 166
二、管理 ······ 167

第二节　计划管理 ······ 168
一、计划管理的涵义 ······ 168
二、计划的分类 ······ 168
三、年度生产计划的编制 ······ 169

第三节　生产管理 ······ 172
一、生产管理的意义和任务 ······ 172
二、技术管理 ······ 173
三、制度管理 ······ 174

第四节　劳动管理 ······ 175
一、劳动定额 ······ 175
二、劳动组织 ······ 175
三、生产责任制 ······ 176

第五节　财务管理 ······ 178
一、财务计划与管理制度 ······ 178
二、资金管理与成本管理 ······ 179
三、经济核算与经济活动分析 ······ 180

第十章 山鸡产品的加工利用 ·· 183

  第一节 山鸡的屠宰 ·· 183

    一、屠宰方法 ·· 183

    二、屠体的分割 ·· 184

  第二节 山鸡肉的加工制作 ·· 184

    一、扒山鸡 ·· 184

    二、叫花鸡 ·· 185

    三、滑熘山鸡片 ·· 186

    四、绣球鸡肫 ·· 187

    五、香酥山鸡腿 ·· 187

  第三节 山鸡蛋的贮藏与加工 ·· 188

    一、鲜蛋的贮藏 ·· 188

    二、山鸡蛋的加工 ·· 189

  第四节 山鸡皮毛的加工利用 ·· 190

    一、成年山鸡标本的制作 ·· 190

    二、山鸡雏标本的制作 ·· 194

    三、山鸡蛋标本的制作 ·· 195

    四、山鸡羽毛画的制作 ·· 195

    五、羽毛扇的制作 ·· 196

参考文献 ·· 198

第一章　绪论

第一节　山鸡的经济意义

一、满足人民物质生活的需要

山鸡肉营养丰富，肉味鲜美，肥而不腻，有高蛋白、低脂肪的特点，是人们非常喜欢的肉食品种。中国农业科学院特产研究所将山鸡肉和爱拔益加（AA）肉用仔鸡的肉做了对比测定，含量显示：干物质山鸡肉 27.83%，肉用仔鸡的肉 25.24%；粗蛋白质山鸡肉 22.22%，肉用仔鸡的肉 19.25%；粗脂肪山鸡肉 1.97%，肉用仔鸡的肉 3.74%。这些指标说明山鸡肉明显优于肉用仔鸡的肉。又测定，山鸡肉中人体所需要的必需氨基酸和矿物质元素也高于肉用仔鸡。山鸡肉丝细、肉质嫩，非常适于老年人和儿童食用。山鸡肉有独特风味，可以做成各种名贵菜肴。山鸡肉、蛋可以做成罐头食品，也可以做成小包装冻肉或即食性食品进入超市，从而方便了生活需要。

山鸡肉还具有医疗保健作用。山鸡肉在中医药学中作为动物药已有数百年历史，山鸡肉有抑喘补气、祛痰化瘀、清肺止咳之功效。明朝李时珍的《本草纲目》中记载，山鸡脑治"冻疮"，山鸡治"蚁瘘"，山鸡屎治"久疟"等。山鸡尾烧灰合麻油，敷治丹毒。山鸡内金有消食化瘀、涩尿、涩精的功能，主治消化不良、反胃呕吐、遗尿、遗精等。山鸡胆具清肺止咳功能，主治百日咳。

将家养山鸡放飞到旅游区供游客狩猎，可以丰富旅游内容。国外，将山鸡养至中雏期放入狩猎场任其自然生长，狩猎季节时开放狩猎场。我国的旅游狩猎业刚刚起步，有的地方开办了狩猎场。如黑龙江省桃山狩猎场和吉林省露水河狩猎场均养有狩猎用的河北亚种山鸡，放飞后供游人狩猎，收到了良好的经济效益。

山鸡副产品开发价值很大。山鸡的羽绒弹性强，保温性好，可以做成羽绒被褥、羽绒服、羽绒坐垫床垫等生活用品。山鸡羽毛华丽，其皮毛可以做成形态各异的标本，每具售价200多元。山鸡羽毛还可以制成羽毛画和羽毛扇等多种美术工艺品，都有很高的观赏价值。山鸡死胎蛋、蛋壳、杂羽、内脏等可以制成畜禽饲料或肥料。幼雏期的粪便粗蛋白含量很高，经加工可以制成猪、鱼的饲料。山鸡的粪便中氮、磷、钾的含量高于其它家禽家畜的粪肥，是一种品质良好的有机肥料。总之，山鸡副产品的综合开发利用，可以获得可观的经济效益。

二、增加我国出口创汇品种

我国土特产品是重要的出口货物之一。20世纪五六十年代，我国的野生山鸡躯体每年向国外出口上千吨，后来因为野生资源枯竭，就以家养的活山鸡和山鸡肉出口，获得了较高的收益。活山鸡出口到香港地区每年有100多万只，其售价在300港元左右，是内地售价的4倍。近10年来吉林省出口到日本的山鸡、冻白条和分割肉是国内售价的3倍。

三、是发展农村经济的好项目

饲养山鸡的设备比较简单，所用的材料可以是木杆、竹竿、金属网、旧渔网、旧钢材均可，不像家鸡那样需要很多正规房舍，因而投资成本低，规模可大可小，养殖技术也容易掌握，适合发展庭院经济。在农村及山区均可因陋就简，充分利用闲置建筑物及空闲荒地建造网舍，可以不占用耕地。山鸡的饲料主要由玉米、各种饼粕类、鱼粉、糠麸类和骨粉等组成，农村饲料来源充足，为发展山鸡饲养业雉鸡饲养业创造了得天独厚的条件。山鸡生长快，饲养周期短，4月龄即可上市出售，体重达1～1.5千克，每只价格50元以上，每只饲养成本40元左右，利润10元左右，是一个很好的致富项目。

第二节　山鸡的养殖概况

一、我国山鸡养殖概况与发展对策

我国劳动人民对山鸡很早就有所认识。远在三千年前殷商时代的甲骨文中就记载有"雉"字。这个"雉"字就是山鸡的古称。我国考定物类最早的书是汉朝的《尔雅》，将雉类分为 14 个种，距今也两千年的历史。明朝李时珍的《本草纲目》将山鸡列为"原禽类"，对山鸡的药用价值曾做过记述。

20 世纪 60 年代，我国曾有学者进行过山鸡人工驯养，因某些原因没有成功。1978 年中国农业科学院特产研究所又开始研究山鸡的人工驯养与繁殖，于 1981 年获得成功。自 1985 年以来，山鸡人工养殖技术在全国范围内进行了大规模的推广普及。我国于 20 世纪 80 年代末，还引进了美国七彩山鸡，由于它体型大、产蛋多、繁殖力强，推动了我国山鸡养殖业进一步发展。中国农业科学院特产研究所用美国七彩山鸡与我国河北亚种山鸡进行杂交，生产出的商品山鸡，其肉质很好，具有很强的市场竞争力。至 1996 年中国农业科学院特产研究所成功培育出了"左家山鸡"，成为山鸡饲养业一个优良的人工培育品种。

20 多年来，我国山鸡饲养业从无到有，从小到大，得到了飞速的发展。目前，我国具有一定规模的山鸡养殖场就有 200 多家，种鸡存栏 20 万只左右，主要分布于吉林、辽宁、河南、江苏、福建、广东等省，年生产商品山鸡 1000 万只，产品主要销往上海、广州、北京、深圳、香港等经济发达的城市和地区，还出口亚洲其他国家。但是，就全国范围内山鸡肉的人均占有量是微乎其微的，还有很大的发展空间。

我国的山鸡饲养业虽然起步较晚，但发展却很快。经过 20 多年的实践，摸索出适合我国具体情况的技术成果，例如，在人工孵化方面摸索出不同养殖规模的孵化方法和孵化技术参数，孵化率达到国外先进水平；在营养、饲养上，提出了适合我国国情的营养需要量，既降低了饲料成本，又满足了山鸡生长发育的需要；在饲养技术上，总结出了一整套适合我国饲养条件的饲养管理方法，比国外山鸡饲养方法更加细致科学；在繁殖育种上，找到了提高繁殖率的综合措施，尝试了人工授精技术，找到了生产商品化山鸡的杂交模式，提高了山鸡的肉质品味；在疾病防治上控制了新城疫、禽霍乱、禽结核的大面积流行，无高致病性禽流感的流行；在产品加工上，实现了分割肉冷冻、小包装食品等新技术。

从存在的问题上看，经营规模上大多是农户式的小而分散的经营模式，缺乏龙头企业，产品组织销售和深加工受到一定限制；山鸡的育种和饲养管理技术有待提高；山鸡的饲养量在家禽饲养业中所占份额很低，不能满足人民生活的需要。为此，应从以下方面加以改进。

① 采用最新育种手段，改良山鸡品种，解决良种匮乏、品质差、单产低的问题。加强专门化品种的培育，以适肉用、狩猎用、蛋用、观赏用等不同用途的需要。

② 改进饲养管理技术，解决山鸡产蛋量、孵化率和育雏成活率偏低的现象，克服叨啄现象，提高产品优质率。

③ 加强产品深加工，适应消费者的需求，改变山鸡产品单一现象，在产品的"名优特新"上下功夫，在提高产品附加值上下功夫，建立稳定的、广阔的销售市场，避免山鸡饲养业的大起大落。

二、国外养殖概况

国外养殖山鸡最早的国家是美国。1881 年开始人工驯养山鸡，至今有 100 多年的历史。驯养山鸡主要用作狩猎，美国目前共有 2000 多个狩猎场，每年用于狩猎的山鸡 1200 多万只。威斯康星州麦克法伦山鸡公司是美国最大的商品化山鸡场，每年生产商品山鸡 50 万只以上。加拿大 1892 年从美国引入山鸡驯养成功，1910 年宣布山鸡拥有量居世界之首。捷克驯养山鸡较早，近几年已培育出一些耐寒、生命力强和繁殖力高的新品种，每年释放 10 万多只于狩猎场内。匈牙利每年繁殖 100 万只左右，放养 70 余万只，主要用于狩猎。俄罗斯从 20 世纪 50 年代后期开始研究山鸡的驯养技术，共有 90 个野禽繁殖场和研究所，还有利用杂交优势专门生产商品山鸡的生产场。保加利亚每年繁殖 50 万只，年产山鸡肉 600 吨。日本在 20 世纪五六十年代饲养的山鸡主要为日本绿雉。进入 70 年代后，从美国引进体型大、驯化程度高的山鸡品种，有山鸡场约 500 个。1991 年日本全国生产肉用山鸡 10 余万只。此外，英国、法国、挪威、波兰、罗马尼亚、意大利、新西兰、澳大利亚等国均养殖数量较多的山鸡用于狩猎。从经济技术指标上看，国外人工养殖的山鸡产蛋量每只 25～80 枚，种蛋受精率 82%～90%，受精蛋孵化率 83%～87%，育雏成活率 56%～88%。不少国家在山鸡育种上培育出一些新品种。我国山鸡养殖工业的一些经济技术指标与国外先进水平毫不逊色。但是，国外养殖山鸡的一些经验可为我国山鸡的饲养业提供借鉴，有助于进一步发展我国山鸡养殖业。

第二章 山鸡的生态特性与品种类型

第一节 生态特性

一、分布与分类

山鸡，学名雉鸡（*Phasianus colohicus*），系鸟纲、鸡形目、雉科、雉属的一个"种"。山鸡在国内分布很广，除西藏的羌塘高原及海南岛以外，遍及全国。在国外分布于欧洲东南部、中亚细亚、蒙古、朝鲜、俄罗斯的西伯利亚东南部以及越南北部和缅甸东北部。我国的山鸡已被引入欧洲、美国和澳大利亚等国家。

国内外的山鸡均属一个种，可分成不同的亚种。据沃乌利的研究（1965），世界上的山鸡可分为 30 个亚种，其中分布我国境内的有 19 种，约占世界山鸡亚种数量的 2/3。它们是：①准噶尔亚种；②莎车亚种；③塔里木亚种；④南山亚种；⑤青海亚种；⑥甘肃亚种；⑦阿拉善亚种；⑧贺兰山亚种；⑨弱水亚种；⑩东北亚种；⑪河北亚种；⑫内蒙亚种；⑬四川亚种；⑭云南亚种；⑮滇南亚种；⑯贵州亚种；⑰广西亚种；⑱华东亚种；⑲台湾亚种。

山鸡所有亚种中，可划分为 5 个亚种组，即南欧组、中亚组、突厥组、草地组和中华组。新疆所产的 3 个亚种，分别属于中亚组、突厥组及草地组。在我国所产的 19 个亚种中，3 个局限于新疆，即准噶尔亚种、莎车亚种和塔里木亚种。其余的 16 个亚种外貌特征都有蓝灰色的腰部，可以统列为同一个亚种组，叫做"灰腰雉组"，这一组仅限于我国境内，堪称我国特产，故又称中华组。

二、生活习性

山鸡比家鸡体型小，脚健善走，翅膀短小，不善久飞，是人们主要的狩猎对象。野生山鸡常栖息在海拔 300 米的草原、半山区及丘陵地带林缘的灌木丛中，还可以生活在海拔 3000 米的高山阔叶混交林中。随着季节的变化有小范围的垂直迁徙，夏季栖息于海拔较高的针、阔叶混交林边缘的灌木丛中，秋季之后迁徙到低山的向阳避风之处、山麓等地及近山的耕地或湖泊、江边的苇塘内。同一季节栖息地较固定。

在冬季不管公母、年龄常成群集结活动，但在 4 月初（指东北地区）开始以公鸡为核心分成若干小群，公山鸡占领活动区域（占区）并寻偶配对，活动在自己的占区内，如有其它公鸡侵入，该群的公鸡就会与之强烈争斗，直至把对方赶走为止。占区的大小取决于当地的植被、地形、种群密度和公鸡的争偶能力。每个占区分为巢区、活动区和取食区兼过宿地三部分。占区常常分布在缓坡的次生林地、村屯周围、农地边缘、公路两旁的次生林内，很少在森林腹地占区。公鸡的鸣叫是一种护区行为，警示其它公鸡不得入内。蛋期母山鸡常在隐蔽处营巢孵蛋。幼雉出生后，母山鸡带领幼雉山成群活动，幼鸡长大后，能独立生活时，又重新组成新的群而到处觅食。

山鸡在自然界食物链中属于最底层的，食肉类的哺乳动物及猛禽等都是它的天敌，甚至蛇类也会吃掉山鸡的蛋。对付这些天敌的办法，只能是隐蔽或逃逸。经长期进化过程中，形成了听觉视觉发达，警觉性高，胆小易惊的特性。当天敌不足以扑食它的时候，第一个反应就是发出警惕的叫声，通知同伴注意警戒和隐藏。当天敌靠近时，它就会压低身体藏匿或悄悄逃逸，尽量不使敌害发现自己。当发觉自己藏不住时，就会飞走逃逸，但是飞不多远就落下来藏匿。繁殖季母山鸡正在孵蛋，公山鸡担任警戒，当敌害走近孵蛋窝时，公山鸡就会故意暴露自己，装出跛行的样子，或装出瘫翅的样子，蹒跚行走，以吸引敌害追赶自己，当走到离孵蛋窝很远时，突然飞掉，这样就可以使窝被保护下来。

三、食性特点

山鸡觅食活动从天刚亮开始，每天觅食时间在 4～6 小时。母山鸡在孵蛋时，觅食活动的时间就会逐渐减少，开始时一天2次，然后是一天1次，最后是隔天1次，采食速度很快，1～2小时就回到窝内继续孵蛋。当遇到刮风下雨时，为躲避恶劣气候，采食时间就明显减少。

山鸡是以植物性饲料为主的杂食性鸟类，随季节变化摄取的食物种类也不相同。在早春，冰雪融化，草木发芽，山鸡可以采食一些树的芽苞、野草、野菜的嫩芽和含淀粉多的植物根茎，也能吃到落在地上的籽实。春播后，山鸡还经常到林边耕地刨食粮谷类种子，或采食作物的嫩芽。夏季是山鸡饲料最丰富的季节，不但能摄取到植物的根、茎、叶、花和浆果，也能吃到各种昆虫、幼虫和虫卵，据观察夏天成年山鸡的胃有70%植物性食物，有30%是昆虫类。刚孵出的幼龄山鸡主要以蚂蚁、蚯蚓和甲虫等为食，据观察，山鸡幼雏胃内有90%以上是昆虫类食物。秋季山鸡除在山上采食一些野果、籽实以外，还成群到秋收后的农田里采食作物籽实，此时，食物比较丰富，为安全越冬打好基础。据野外考察发现，此时山鸡的胃里95%是植物性食物，有5%是动物性食物。冬季降雪以后，山鸡的食物来源比较困难，除采食挂住树上的籽实、浆果外，还成群到耕地里寻找粮谷，有时也到村庄附近觅食。

四、繁殖特性

在繁殖季节里，山鸡配偶多为一雄二雌，也有一雄一雌的，共同生活在一个占区内。清晨，公鸡发出"咯咯"的叫声，叫声清脆而洪亮，可传到1千米以上，叫声完了接着拍打两下翅膀，发出"扑啦扑啦"的声音。当母鸡到来后，公鸡的颈部羽毛蓬松起来，尾羽竖起，迅速追赶母鸡，从侧面靠近母鸡，外侧的翅膀下垂并不停地扇地，头上下点动，围着母鸡做弧形快速走动，如果母鸡不回避，公鸡就会跳到母鸡背上进行交尾。交尾动作在10秒钟内完成。完成交配后，母鸡抖动并整理羽毛，公鸡在附近站立一会儿便走开。

山鸡的交尾早在4月份就开始，一直持续到7月份结束。每天的交尾时间多集中在清晨。一天交尾一次。每次交尾可保证母鸡产出 5～7 个受精蛋。

母鸡产蛋的巢穴很简陋，多半在树丛下面扒一浅窝，垫些树叶、杂草和羽毛即成。巢穴也很隐秘，不易被发现。据报道，母鸡产 1 个蛋，休息一天，再产第 2 个蛋，此后每天产 1 个蛋，中间极少休产，每窝产 15～20 枚。也发现两个母山鸡共用一巢的，有 29 枚蛋。从 4 月中旬、5 月初至 6 月初是产蛋集中的时间，有人调查一只山鸡 7 月 17 日产下最晚一枚蛋。当产完最后一枚蛋时才开始孵化，为的是使胚胎同步发育，孵蛋时均大头向上，每天翻蛋 3～5 次，每天晾蛋一次，大多在下午三四点钟晾蛋。孵化时母鸡非常专一，不轻易出窝，特别是孵化后期更加恋窝，只有人或动物走近窝边时，不得已而飞掉。孵化至 22～23 天时出壳，出壳多在夜间，次日母鸡即可带领小雏，到处游荡、觅食。

第二节 品种类型

一、肉用型山鸡

(一)七彩山鸡

1. 品种来源

根据资料介绍，野生山鸡分布于欧洲、亚洲的某些国家和地区，美洲不是山鸡的原产地，但是美国却有很多品种资源，这是因为从欧、亚两大洲引入了不同亚种的山鸡，进行了亚种间杂交利用的结果。七彩山鸡来源于美国，其祖先是以中国的华东亚种山鸡为主，同时也有其它亚种的山鸡的基因，因而基因型十分复杂，羽毛色彩相当丰富，故称为"七彩山鸡"(见封二彩图)。

2. 外貌特征

公鸡头顶呈青铜褐色；眼眶上无眉纹或有很窄的眉纹；眼周和脸颊的裸区鲜红、较大，耳羽簇蓝绿色；颈部墨绿色有紫铜色金属闪光；颈基有不连续的白色颈环，在颈的前面断开，颈环宽度较窄；胸部红铜色，有光泽；上背红褐色，下背及腰草黄色，腰侧蓑羽为棕黄色发状羽毛；肩及翅上羽毛栗黄色，飞羽棕黄色；尾羽黄灰色，尾羽 18 根，中央尾羽长 45 厘米左右，两胁部红黄色；腹部及大腿黑色虹膜红栗色；嘴灰白色；跗蹠呈褐的角灰色；公鸡脚有短矩。母鸡头顶及后颈米黄色；颈部浅栗色，有光泽；胸部浅栗色，略带紫色光泽；上体沙黄色，有黑色斑点；肩及翅膀羽毛浅栗色；尾羽褐色有黄斑，中央尾羽 25 厘米左右；颏与喉部乳白色；腹部黄白色；虹膜淡红褐色；嘴呈灰白色；跗蹠呈褐的角灰色。

3. 经济性状

七彩山鸡每只母鸡年产蛋量 70～100 枚。平均蛋重 30.9g（$n=120$），蛋形指数（蛋的长轴与短轴之比，74% 为最佳）74.4%。3 月 25 日以后开始产蛋，至 8 月 20 日左右结束。产蛋期 21 周，产蛋高峰（产蛋率 75%）期 10 周，其产蛋特性为开产时间早、停产时间晚，产蛋高峰期持续的时间长。种蛋受精率 86% 左右，受精蛋孵化率 88% 左右。

0～4 周龄育雏期成活率 85% 左右，5～18 周龄育成期成活率 90% 左右。培育到 18 周龄时，已接近成鸡体重，公鸡达 1.5 千克，母鸡 1.1 千克左右。占成鸡体重的 90% 左右，可以上市出售。七彩山鸡开产前体重公鸡 1.7 千克，母鸡 1.2 千克。成鸡年成活率 82.1%。

总之，七彩山鸡体重大，产肉力高；产蛋多，繁殖力高；性情温顺，不善久飞，适于圈养，是国内普遍养殖的肉用型山鸡。中国农业科学院特产研究所山鸡场，请专家做过山鸡肉质品评，认为七彩山鸡的肉水分较大，肉纤维略显粗糙，野味淡一些，综合分析其肉质比河北亚种山鸡的肉稍逊一筹。

（二）黑化山鸡

1. 起源及遗传特性

黑化山鸡（见封二彩图）也称孔雀蓝山鸡，这种山鸡的起源至今仍有争论，是在野生状态下的突变型黑化山鸡，于 1919 年在英国野生动物保护区内发现，而且也在欧洲其他国家发现。许多育种学家认为黑化山鸡是来源于日本绿山鸡和另一个亚种的杂交选择产物。1992～1994 年王峰等研究表明：黑色山鸡羽色性状是由常染色体上一对等位基因 M 控制。

2. 外貌特征

公鸡头顶黑色；眼周及颊部红色，眼眶上无眉纹；颈部黑色，有绿、紫、蓝色闪光；胸部墨绿色，有紫色光泽，无颈环；肩及翅膀上羽毛深褐带蓝色，飞羽深褐色；上背褐带蓝色；下背及腰蓝灰色；尾羽蓝灰色，有横斑；腰侧蓑羽深褐色；两胁墨绿色，腹部及大腿黑色。母鸡上体深栗色，带黑色斑纹，下体深栗色，无斑纹，颈部和胸部有紫色光泽。虹膜、嘴、跗蹠的颜色同七彩山鸡，公鸡脚有短矩。

3. 经济性状

各种经济指标及用途与七彩山鸡相似。

二、狩猎型山鸡

（一）河北亚种山鸡

1. 原产地与驯养过程

河北亚种山鸡（见封二彩图）原产于我国吉林省长白山一带，分布在辽宁省大部地区、北京地区、河北省东北部的承德和兴隆。1978 年中国农业科学院特产研究所从吉林省收集野生山鸡和山鸡蛋，进行人工繁殖，1981 年获得成功，1982 年后向全国推广了养殖技术。从此，我国各地均有人工养殖的河北亚种山鸡。河北亚种山鸡的基因型是比较纯正而单一的。

2. 外貌特征

公鸡前额羽毛黑色；头顶呈青铜褐色，两侧有较宽的白色眉纹；眼周和颊部皮肤裸出，呈鲜红色，耳羽簇黑色闪蓝，羽端方形；耳羽墨绿色，覆盖着耳孔；颈部黑色，有绿色和紫色金属闪光；颈基有一圈完整的白色颈环，前面较宽，后面窄一些；胸部紫铜色，有金属闪光，羽端有黑斑；上背褐色，有黑色纹；下背及腰浅蓝灰色，腰侧蓑羽为栗黄色发状羽毛；两肩栗色，翅上覆羽浅蓝灰色，飞羽褐色；尾羽黄灰色，有横斑，尾羽 16 根，中央尾羽长 45～50 厘米；两胁褐黄色；腹部及大腿部由黑褐色过渡到褐色。母鸡头顶和后颈黑色，羽端沙黄色；眼周裸出部不如公鸡的大和红；上体黑，栗及沙褐色相间；腰及尾上覆羽转为沙黄色；尾羽栗褐色，有横斑，中央尾羽 20～30 厘米，肩、翅的羽毛栗褐色，有横斑；飞羽暗褐色，杂以棕白色，有横斑；颏、喉部棕白色；胸和两肋褐色有黑斑；腹部及大腿浅沙黄色。虹膜、嘴、跗蹠的颜色同七彩山鸡，公鸡脚有短矩。

3. 经济性状

河北亚种每只母鸡年产蛋数 26～32 枚，平均蛋重 27.4 克（$n=120$），变动范围 22～32 克，蛋形指数 74.4%。产蛋季节在 4 月 25 日至 7 月 15 日，产蛋期约 13 周，产蛋高峰（产蛋率＞50%）期 3 周，种蛋受精率 88%以上，受精蛋孵化率在 89%左右。

0～4 周龄育雏期成活率为 85%左右，5～18 周龄的育成期成活率 90%左右。4 月龄育成结束，公鸡体重 1.32 千克，母鸡 0.92 千克，此时已达成龄体重的 96%，可以上市出售。成年山鸡开产前体重公鸡 1.45 千克，母鸡 1.02 千克。成年山鸡年存活率 88.6%。

中国农业科学院特产研究所将 AA 肉用仔鸡、七彩山鸡、左家山鸡和河北亚种山鸡做过肉质对比分析，结果显示，河北亚种山鸡肉质白嫩、肌纤维细、野味足，是其它种类山鸡无法相比的。河北亚种山鸡外形细长、胸肌发达、翅膀有力、飞翔能力较强，生长到 6 周龄可以放飞，长至 15 周龄即可供狩猎用。

（二）左家山鸡

1. 培育经过

左家山鸡（见封二彩图）是中国农业科学院特产研究所于 1991～1996 年将美国七彩山鸡与河北亚种山鸡进行两代级进杂交、多代横交固定和不断培育而成的新品种，可以理解为七彩山鸡与河北亚种山鸡的杂合体。其特色既有较高的繁殖力，又有良好的肉质。

2. 外貌特征

雄鸡眼眶上方有一对清晰的白眉，颈部墨绿色，有金属样反光，颈基部有一圈不太完整的白色颈环，颈环较宽，在颈的腹侧面有间断，胸部红铜色，有金属光泽，上背部棕褐色，下背和腰部草黄色，腰部两侧蓝灰色，腹部黑色。母鸡头顶米黄色，颈部浅栗色，上体棕黄色或沙黄色，下体灰白色。

3. 经济性状

左家山鸡每只母鸡年产蛋量平均为 62.1 枚。平均蛋重 30.4 克，变动范围 28～34 克（$n=60$），蛋形指数 74.27％。产蛋季节，一般是每年的 4 月 1 日至 8 月 15 日，产蛋期约为 19 周左右，产蛋高峰（产蛋率＞50％）期 8 周。左家山鸡种蛋受精率 88％左右，受精蛋孵化率 89％左右。

0～4 周龄育雏期成活率平均 86％左右；5～18 周龄育成期的成活率为 88％以上。4 月龄育成结束，体重公鸡 1.5 千克，母鸡 1.1 千克，达成鸡体重的 90％。成年山鸡开产前体重公鸡 1.68 千克，母鸡 1.24 千克。成年鸡年存活率 86.4％。

生长到 6 周龄后可以放飞。此时鸡体已经有很强抵御恶劣环境的能力，有较高的野外成活率。左家山鸡的肉质又白又嫩、肌纤维较细、香味浓而持久、口感好，优于美国七彩山鸡的肉质，可与河北亚种山鸡的肉质相比美。

三、观赏型山鸡

（一）黄化山鸡

1. 起源

黄化山鸡最早发现于美国加利福尼亚州，确切起源不太清楚。有人认为是蒙古亚种山鸡和中国山鸡杂交后代的突变种，也有人认为是欧洲南部和中亚细亚地区的某些山鸡的亚种突变种。

2. 外貌特征

公山鸡头顶棕黄色；白色眉纹或有或无；眼周和颊部皮肤裸出，呈鲜红色；颈部棕黄略闪绿色金属金属光泽；多数公山鸡无颈环，少数的有颈环，颈环宽窄同七彩山鸡；胸部棕黄有黑色斑纹，有金属光泽。全身羽毛棕黄色，缀有暗褐色斑点。母山鸡全身羽毛呈浅黄色，有黑色斑点，颈部和胸部羽毛有金属反光，眼周红色，比公山鸡小。

虹膜为棕色，嘴黄色，跗蹠部为黄色，公鸡脚有短矩。

3. 经济性状

成龄体重公鸡 1.2～1.4 千克，母鸡 1.0～1.1 千克，年产蛋量 50～70 枚。繁殖力和生活力性状与七彩山鸡无异。

从观赏角度看，其羽色与平常山鸡明显不同。如不注意观察尾部，外形与黄色家鸡无异。数量极少而稀有，是一种宝贵的基因型。当然这种山鸡也具有肉用价值，肉质与美国七彩山鸡相似。

（二）白化山鸡

1. 起源

白化山鸡（见封二彩图）是 1994 年中国农业科学院特产研究所从美国威斯康星州麦克法伦山鸡公司引进的。起源不清楚，有人认为可能是七彩山鸡的突变种。有些山鸡存在着抑制色素形成的基因，抑制了各种颜色的形成，从而形成了白化山鸡。白化山鸡之间交配时，其后代全部为白色。

2. 外貌特征

公母鸡全身均为纯白色羽毛，眼周及颊部皮肤为红色。虹膜蓝灰色，喙为白色，跗蹠部为粉白色。

3. 经济性状

白化山鸡的体重与美国七彩山鸡相似，产蛋量、受精率和孵化率等指标也与之相近。

白化山鸡也属难得的基因类型，有很高的观赏意义，应加以大力保护。

第三章　山鸡的繁育

第一节　繁殖生理

一、雄性生殖器官的构造与机能

（一）生殖器官的构造

雄性山鸡的生殖器官包括睾丸、附睾、输精管、贮精囊、射精管与退化的交尾器六部分组成（图3-1）。

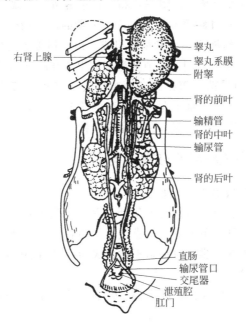

右肾上腺

睾丸
睾丸系膜
附睾

肾的前叶

输精管
肾的中叶
输尿管

肾的后叶

直肠
输尿管口
交尾器
泄殖腔
肛门

图 3-1　雄山鸡的生殖器官

睾丸呈豆角粒状，位于肾脏前侧，以短的系膜悬吊于最后2～

3 肋骨的脊柱两侧。睾丸大小不定，繁殖季节变大。睾丸内有很多精细管，是产生精子的场所。精细管间的间质细胞分泌激素。

附睾较小，呈长条形，由前向后逐渐变细，接输精管，同睾丸一起包在很薄的白膜内。

输精管是两条极弯曲的细管，输精管的前部是贮精囊，后部形成射精管。

山鸡的交尾器由生殖突起和八字状皱襞构成生殖隆起。在交尾时，生殖隆起因充血勃起围成管道状，精液通过该管道射入母鸡的阴道口。

（二）生殖器官的生理机能

① 精子的发生　出壳时公鸡的精细管壁上可见到精原细胞，5～6周龄后分裂出初级精母细胞，10周龄后分裂出次级精母细胞、精细胞，最后形成精子。附睾管和输精管是精子贮藏以及精子继续成熟的地方，10月龄睾丸内就可产生大量的成熟精子。

② 精液　精液由精子和精清组成，山鸡精液为白色。平均pH值在7～7.6。在贮藏时pH值随温度的下降和时间的增加而下降。

③ 交配和受精　繁殖季节山鸡白天任何时间都可交配，尤为清晨交配更加活跃。精子在自然交配的情况下，交配后1小时左右可达母鸡输卵管的漏斗部，在此完成受精。

二、雌性生殖器官的构造与机能

（一）生殖器官的构造

雌性山鸡生殖器官只有左侧卵巢和输卵管两部分。右侧卵巢、输卵管退化，只留下痕迹。卵巢位于左肺后方，左肾前端。卵巢是产生卵泡的地方。雏鸡时呈扁平状，成龄后呈山葡萄状，由大小不等的卵泡组成。

输卵管分为漏斗部、膨大部、峡部、子宫部和阴道部五个部分（图3-2）。

漏斗部在卵巢下方。卵巢排出的卵细胞，首先被漏斗部接纳，卵细胞与精子在漏斗部结合受精。膨大部，也称蛋白分泌部，是输

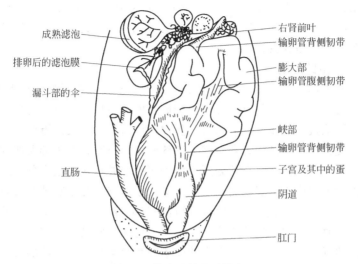

成熟滤泡

排卵后的滤泡膜

漏斗部的伞

直肠

右肾前叶

输卵管背侧韧带

膨大部

输卵管腹侧韧带

峡部

输卵管背侧韧带

子宫及其中的蛋

阴道

肛门

图 3-2　雌山鸡的生殖器官

卵管中最长的部分。峡部，是输卵管较窄、较短的一个部分。蛋的内外壳膜在峡部形成。

子宫部，呈袋状，肌肉较发达，管壁较厚，其黏膜形成纵横交错的深皱褶。子宫部的主要功能是形成蛋壳、胶质膜和色素。

阴道部是产蛋的通道。蛋产出时，阴道部向泄殖腔翻出，所以，产蛋时蛋不会被粪便污染。交配时阴道部也同样翻出，以接受公鸡射出的精液。

（二）生殖器官的生理机能

1. 卵泡生长

山鸡性成熟之前卵巢皮质内就有大量的未成熟的卵泡，呈白色。每个卵泡内含有一个生殖细胞。繁殖季节卵泡才能逐渐生长发育，按其发育程度卵泡可分为初级卵泡、生长卵泡和成熟卵泡三种状态。卵泡在成长过程中卵黄逐渐增大，其生殖细胞升到卵黄的表面。并在排卵前9～10天达到成熟。

2. 排卵

卵泡成熟后，卵子从卵泡缝痕中排出称之为排卵。卵子排出后如果未受精，生殖细胞不进行分裂，在卵黄表面上仅存在一个白点，称为胚珠。如果受精，卵黄表面形成一个中央透明、周围暗区的盘状，叫做胚盘。

3. 蛋的形成

卵子排出到漏斗部后即进入输卵管。经25分钟后进入膨大部，形成蛋白。在膨大部首先分泌包围卵黄的浓蛋白。因机械旋转，引起这层浓蛋白扭转而形成系带，蛋白形成过程是一层浓蛋白一层稀蛋白交替分层包裹的。卵在膨大部约停留3小时，由于膨大部的蠕动，使卵进入峡部，在此处形成内外蛋壳膜并进入少量水分，这一过程大约需要1个多小时，之后便进入子宫部，在子宫部停留时间17～20小时。蛋进入子宫后，通过内外壳膜渗入子宫分泌的子宫液，这时使蛋的重量几乎增加了一倍，将蛋壳膜鼓胀成卵圆形。由于钙的沉积形成了蛋壳，壳上的胶护膜和色素也在子宫部形成。之后蛋再由子宫到达阴道部，蛋在阴道部停留时间半小时左右就产出了。

4. 蛋的产出

蛋从阴道产出是受到激素和神经的控制，同时还有一定的光周期反应。蛋经常在光照后4～10小时产出，蛋在阴道内是小头在前的，但在产出时，由于子宫肌肉收缩，使蛋转动了180度而使大头先产出。大头产出情况占90％以上。从排卵到产出一个蛋需要25～26小时。

三、产蛋的规律性

1. 产蛋量

产蛋量的多少取决于产蛋期的长短和产蛋率的高低。产蛋期长的产蛋率高，比如七彩山鸡产蛋期长于河北亚种山鸡，因而前者产蛋量就高于后者。产蛋率是指某一段时间内鸡产蛋的个数，相当于天数的百分率。例如某一只鸡在30天内产蛋21个，则它的产蛋率为70％。产蛋率大于50％时，七彩山鸡达10周，而河北亚种山鸡仅为3周，显然产蛋量前者明显大于后者。

2. 产蛋周期和产蛋频率

母鸡产蛋都有一定的周期和频率。山鸡产蛋往往连续产蛋数天，然后停产一天或数天，接着再连产数天，呈现周期性的产蛋现象，称为产蛋周期。连续天天产蛋的天数称为连产日，间歇的天数叫做间歇日，连产日和间歇日就构成了一个产蛋周期。连产日与产蛋周期的比值称做产蛋频率，它的计算公式为：产蛋频率（％）＝连产天数/（连产天数＋间歇天数）。

例如，一只母鸡连产三天蛋，停一天，它的产蛋频率＝3/（3＋1）＝75％。产蛋周期和连产特性主要受遗传因子决定的，通过选择可得到进一步改善。

四、蛋的构造和成分

1. 蛋的构造

蛋由蛋黄、蛋白和蛋壳三部分构成（图 3-3）。蛋黄占 30％～32％，蛋白占 56％～59％，蛋壳占 10％～12％。

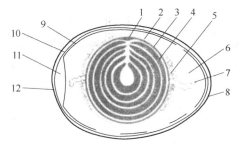

图 3-3　蛋的结构

1—胚盘；2—蛋黄膜；3—蛋黄；4—淡卵黄；5—浓蛋白；
6—稀蛋白；7—系带；8—蛋壳；9—内壳膜；
10—外壳膜；11—气室；12—油质层

蛋黄：就是一个卵细胞，其位置在蛋的中央，因昼夜新陈代谢的节奏性，这种黄色呈深浅相间状态，外面有一薄膜，叫蛋黄膜。在蛋黄表面受精卵有胚盘，没受精时，有胚珠。蛋黄由蛋白质、脂肪、固醇、维生素和矿物质组成。

蛋白：也称为蛋清，可分成四个部分，即内稀蛋白、浓蛋白、系带和外稀蛋白。系带属浓蛋白，起固定蛋黄的作用。浓蛋白占蛋清的 20％～50％，稀蛋白占 43％～75％。

蛋壳：由四部分组成，其中胶质层由水、盐组成；海绵层凸凹不平；隆起层决定蛋壳的质量，褐壳蛋或棕黄壳最厚，灰白壳蛋较薄，蓝壳蛋最薄；壳膜由内、外壳膜和气室三部分组成。蛋壳中碳酸钙占 93.7%，碳酸镁占 1.39%，磷酸钙、镁占 0.7%，其余4.21%的为有机物。

2. 蛋的理化成分

蛋的物理成分与化学成分见表 3-1 和表 3-2。

表 3-1　蛋的物理成分　　　　　　　　　　%

成分	蛋黄	蛋白				蛋壳
		外稀蛋白	浓蛋白	内稀蛋白	系带	
水分	48.7	88.8	87.6	86.4	84.3	1.6
固形物	51.3	11.2	12.4	13.6	15.7	98.4

表 3-2　蛋的化学成分　　　　　　　　　　%

成分	水分	蛋白质	脂肪	碳水化合物	矿物质	其它
蛋壳	1.0	4.0	—		95.0	—
蛋白	88.5	10.5	—	0.5	0.5	—
蛋黄	47.5	17.5	33.0	0.2	1.1	0.7

第二节　山鸡的选种

一、根据外貌与生理特征的选择

大群饲养的山鸡场一般都不进行个体生产性能记载，要鉴定种鸡的优劣，只有依靠外貌与生理特征从大群中进行选择。

1. 种用雏鸡的选择

育雏 3～4 周龄时进行第一次选择，称为初选。根据被毛色彩的不同、斑纹颜色的深浅、嘴和脚趾颜色的深浅等区别，选择符合品种特征的种雏。同品种内的雏鸡，选择体大、健壮、体质紧凑、活泼好动、叫声响亮、脚趾发育良好的留种。留种数量应比实际用种量多出 50%，以备以后有选择、淘汰的余地。

2. 后备种鸡的选择

在第 17～18 周龄时，育成期已经结束，应进行第二次选种。此时骨架已经长成，全身羽毛基本长好，选种时第一要看生长发育水平，将生长慢、体重轻的，不符合本品种要求的进行淘汰，第二要看体形结构与外貌特征，将羽毛颜色和喙、趾的颜色不符合本品种要求的个体淘汰。留种数量应比实际用种量多出 30% 为宜。翌年 3 月份于繁殖季节到来之前，进行最后一次选种，留种量比实际参配种鸡量多出 3%～5%。对种鸡体重的选择，应该选中等或中等偏上的留种。关于种鸡外貌特征的要求同成年鸡。

3. 成年母鸡的选择

山鸡秋季已经完成一个产蛋年，此时应选择留出下年度参加生产的母山鸡，选留量应比实际需要量多出 10%，然后在第二年开产前再选一次，选留的数量比实际需要量多出 3%～5%，以便繁殖季节补充死亡。大群选择着眼点从以下两方面考虑。

① 身体结构与外貌特征　选择身体健康、结构匀称、发育正常、活泼好动、采食力强、头部清秀、面部瘠瘦少羽、眼大有神、胸宽而深、体躯长、肛门松弛且湿润、两脚长短适中、距离宽、皮肤有弹性、耻骨距离宽、龙骨到耻骨间距离较大、腹部容积大的留种。

② 换羽与褪色　山鸡完成一个产蛋年后，要换一次羽。鉴定母山鸡换羽就是要看主翼羽的更换情况。低产鸡换羽早，而且一次换一根；高产鸡换羽晚，往往是 2～3 根一齐换，同时生出来。因此，应选择换羽晚，换羽快的留种。

山鸡在肛门、喙、胫、脚、趾等表皮层含有黄色素。母鸡产蛋时，这些部位的表皮变成白色，称之为褪色。产蛋越多褪色越重，所以，应选择褪色重的留种。

4. 种公鸡的选择

从外貌和生理特征进行选择时，主要根据体型大小，羽毛颜色特征，有无白眉和颈环，以及颈环的宽窄、颈环是否完整等外形特征，来区别品种类型。在同品种内应选留身体各部匀称、发育良好、体重大、耳羽簇发达、眼圈颜色鲜艳、皮肤柔软有弹性、胸部宽而深、背腰平直而宽、两脚距离较宽、站立稳健有力、脚趾发育良好、羽毛丰满华丽富有光泽、姿态雄伟、站立时尾羽上举、体质健壮、无食蛋癖的公鸡作种用。

二、根据记录成绩的选择

1. 根据谱系资料的选择

根据系谱进行选择，对于还没有生产性能记录的山鸡或选择公山鸡时有特别的重要意义。因为雏鸡和育成鸡还不能判定成年后生产性能的好坏，只有查它们的谱系，通过比较它们祖先生产性能的记载资料，推断它们可能继承祖先的生产性能的能力。这就是常说的看它们的血缘的好坏，选优良的留作种用，差的被淘汰。在运用系谱选择时，血缘越近的影响越大，如亲代影响比祖代大，祖代比曾祖代大。在实际运用中，一般比较亲代和祖代就可以了。

2. 根据本身成绩的选择

每一个育种场，都必须做好个体记载工作。记载的项目务求全面，目的在于全面反映个体的生产性能，作为选择的依据。系谱选择只能说明生产性能可能会怎么样，而本身成绩则说明它的生产性能已经怎么样。因此本身成绩是选种工作的重要依据。

3. 根据同胞姊妹生产成绩的选择

同父同母的同胞姊妹，称为全同胞。而同父异母或同母异父的同胞姊妹，称为半同胞。选择种山鸡，尤其是选择种公鸡，本身不能产蛋，又尚无子代产蛋，要想鉴定它的产蛋能力，就要根据其全同胞和半同胞姊妹的平均成绩来判定。因为公鸡与全同胞和半同胞姊妹有共同的父母或共同的父或母，在遗传性上有很大的相似性。因此，鉴定全同胞和半同胞姊妹平均成绩的优劣，即可判定种公鸡的优劣。目前，很多育种单位在选留种公鸡时，多数都是利用同胞和半同胞姊妹的成绩进行选择。实践证明，这种选择的效果是很好的。

4. 根据后裔成绩的选择

以上三种选择方法，固然可以准确地选出优秀的种鸡，但是，选出的种鸡是否能稳定地将优秀品质遗传给后代，还必须进行后裔鉴定，根据后裔的成绩来进一步选择。这种选择方法是根据记录成绩进行选择的最高形式。用这种选择法选得的种鸡是最优秀的，种鸡的遗传品质也能够稳定地传给下一代。根据后裔成绩鉴定种鸡，这只种鸡的年龄至少已经在 2.5 岁以上，可供利用的时间已经不多，但是可用它建立优秀家系。

第三节　山鸡的配种

一、山鸡的选配

（一）选配的重要性

山鸡经过上述的选择和淘汰，选出优秀的个体或家系作为种禽，如何把它们的优秀性状通过公母鸡的配种传给下一代，这就面临选配的问题。选配恰当，就可以大力发挥种禽的作用。可以说选配是选种的继续。同样选配恰当与否，可以通过对后代的选种工作来检验，因此选种也是选配的继续。选好种禽和配种制度是山鸡育种工作的两个相互关联，相互促进的重要手段。两个工作都做好了，才能产生创造性作用。运用选种选配技术，不但可以保持和巩固山鸡的优秀性状，而且通过基因的分离和重组，能够发展和产生更优异的性状，发挥选种选配的创造性作用。通过选配可以使后代中基因的纯合型或杂合型，产生增加或减少或保持不变的效应。

（二）　选配的方式

1. 同质选配

就是将具有相同生产性能特点或同属高产的山鸡进行交配，称之为同质选配。这种选配可以增加亲代和后代全同胞的相似性，可以增加后代基因的纯合型。但是亲代中相似的杂合型基因，同质选配也可在后代中增加群体的变异程度，分出具有一定特点的小群。同质选配可分为：①基因型同质选配，这是根据谱系或家系等资料，可以判定相同基因型的交配，其极端即为近亲交配；②表现型同质选配，这是不了解配种双方的谱系，只根据个体外表的表现，具有相似的生产性能和性状的配种。

2. 异质选配

就是具有不同生产性能特点或性状间的交配，称为异质选配。这种选配可以增加后代基因杂合型的比例，减低后代与亲代的相似性。在后代群体中出现比较一致的生产性能，出现介于双亲状态的后代，其性状很少出现向两极发展的倾向。也可分为：①基因型异质选配，这是根据谱系或家系等资料，制定配种双方无血缘关系，想在后代中获得双亲的优点，或者利用一方的优点而进行的选配。其形式即品种或品系间的杂交；②表现型异质选配，就是根据表型性状而不查其谱系或血缘的选配。这里只注意不同生产性能的表型性状的选配，而不是为了矫正双亲中一方的缺点而配种。现代家禽育种学认为对遗传缺欠应淘汰，而不是矫正。

3. 随机交配

这种选配是为了保持群体遗传结构不变，而不加人为控制，让公母鸡自由随机交配。这种配种制度后代中基因频率不变。其形式为大群配种。因为这是在选种基础的配种，不等于无计划的配种。

二、配种年龄与配偶比例

（一）配种年龄

据日本材料报道，野生山鸡寿命也就在5～6年，家养山鸡寿命可达12年之久。参加配种的年龄因生产需要而定。母鸡产蛋量以第一年为最高，以后每年递减15%左右，商品性山鸡场为了采集更多的种蛋一般只使用一年龄的母鸡参加配种。但是二年龄母鸡蛋重较大，种蛋孵化率和雏鸡成活率较高，因此，当一年龄种鸡数量较少或品质较差的情况下，较多的使用二年龄母鸡参加配种也是可行的，一般情况下，一年龄的占65%，二年龄的占35%。育种性山鸡场为了鉴定生产性能，可使用2～3年的母鸡，通常一年龄的占60%，二年龄的占30%，三年龄的占10%，特别优秀的使用年限还可以长一些。

公鸡使用年龄亦因生产场或育种场的区别而有所不同，商品性生产场使用一年龄或二年龄的均可。从降低饲料成本角度出发，一年龄的公鸡比二年龄的公鸡少吃一年饲料，因此还是用一年龄的公鸡参加配种较为普遍。育种场的公鸡可连续使用 3～5 年，这是育种技术所要求的。

（二）配偶比例

为保证种蛋有较高的受精率，配种时公母的比例必须适当。一般来说，驯化程度高的品种，其配种比例就高，反之则低一些。Twining（1948）发现，从山鸡配种群拿出公鸡后，在 10 天之内的最高受精率保持在 90%，在 20 天时降到 72%。因此为获得最高的受精率可每 7～10 天放入一次公山鸡，或 7～10 天人工授精一次。Bates 等（1987）研究表明：公母比例 1：12 和 1：18 没有显著的差别，其种蛋受精率分别为 85.6% 和 83.8%。美国采用的配种比例（公：母）为 1：（4～10）。我国的山鸡生产场配种比例（公：母），配种开始时为 1：4，随着配种进程的推进，不断地剔出无配种能力的公鸡，至配种期结束为 1：8 左右也可获得较好的受精率。中国农业科学院特产研究所试验，大群配种以公母比例为 1：6 时效果最好；小间配种时公母比例为 1：（8～10）可获得较高的受精率。

三、配种方法

1. 大群配种

大群配种是商品性山鸡场广泛采用的一种方法。就是将一定数量的母鸡按比例配备一定数量的公鸡进行配种。让每一只公鸡与每一只母鸡都有自由组合随机交配的机会。其好处是受精率高，孵化率也高，但是后代没有谱系，只能做一般繁殖群使用。配种群的大小视圈舍大小而定，一般情况下，100 平方米的圈舍可放 80 只母山鸡和 15～20 只公鸡。要注意的问题，就是在一群母鸡中不能同时使用不同年龄的公鸡配种。因为老公鸡与小公鸡混在一起时，打架叨斗的现象会更加严重，往往因小公鸡胆怯或老公鸡体弱都得不到配种机会。小公鸡体质强，性活动也强，在配种比例上可小一些，而老公鸡则可大些。

2. 小间配种

小间配种是育种场常用的方法。一个小间用一只公鸡,可配几只到十几只母鸡。如果需要确知雏鸡的父母,必须将公、母鸡都要戴上脚号,设置自闭产蛋箱,还要加强观察,母鸡下完蛋后要及时拣出,记上母鸡号。这种情况一只公鸡配的母鸡数也就三五只,母鸡数量过多,观察记录易出现差错。如果只考察公鸡性能,只将公鸡戴上脚号,不用设自闭产蛋箱,拣蛋后将蛋上只记录公山鸡编号即可。这种情况 1 只公鸡可配 10 只母鸡。

3. 人工授精

山鸡的人工授精在生产中尚未普遍应用。多应用于育种场,山鸡的人工授精必须将公鸡和母鸡均戴上脚号。公鸡可地面平养,母鸡养于笼中。

山鸡的采精一般都应用按摩法,每只公鸡每次可采到0.2～0.5毫升精液,每毫升含精子约 300 万个。

授精时,一个人固定母鸡,并挤压其腹部使泄殖腔翻出,另一个人从泄殖腔左上方的阴道口将注射器插入阴道内约 2 厘米,并将精液注入。注射器抽出前,加在腹部的压力要放出,以使输卵管回缩,这样可以避免收缩的阴道挤出精液。每次输精量,如果用未稀释的精液时输进 0.1 毫升。

第四节　山鸡的经济性状及其遗传

一、蛋用性状

1. 产蛋量

产蛋量是一个数量性状,受很多因素的影响,如性成熟期、产蛋强度、产蛋持久性、就巢性等影响,还受饲养管理条件的影响。产蛋量的遗传力很低,是受多种基因所控制的。

① 性成熟期　新母鸡产第一个蛋即标志性成熟。其遗传力为0.2～0.3。生产中不但要求性成熟早,还希望性成熟期趋向一致。为达此目的,这必须施行人为控制,主要在饲养管理上下功夫。

② 产蛋强度　家养山鸡仍处在半野化状态，一年内只有一个产蛋期。产蛋强度就是在一个产蛋期内连续产蛋的能力，常用产蛋率来表示。产蛋强度受多种因素的影响，其遗传力为 0.1。如果连产性好，就是产蛋强度大，如果在产蛋期歇产的时间长，说明产蛋强度小。

③ 产蛋持久性　开产后产蛋期长，换羽又晚的山鸡，其产蛋持久性就好。一只鸡产蛋强度大、持久性又好，当然它的产蛋量就高。

④ 就巢性　就巢是山鸡的繁殖本能。家养山鸡经现代选育和改善管理方法，只有少数的山鸡有就巢性。就巢性有很高的遗传性，可以通过选择减低就巢性，但不能完全清除就巢性。

2. 蛋重

刚开产的鸡，蛋重小，以后逐渐变大。一般情况下，开产第一个蛋是正常蛋重的 75％左右。以后蛋重还有增加，至产蛋的中后期蛋重不再增加，一直保持到产蛋期结束。第二年蛋重略有增加或保持不变，第三年后蛋重逐渐减少。蛋重的遗传力比较高，一般为 0.4～0.6，因此通过选择可以提高蛋重。蛋重与体重成正相关。

3. 蛋的品质

① 蛋壳品质　蛋壳品质可以通过测量蛋壳厚度或用蛋的密度来表示。蛋壳厚而致密品质就好，可以减少集蛋时的破损，也可以提高孵化率。其遗传力为 0.3。

② 蛋壳颜色　壳的色泽依品种和产蛋时间不同而有变化，产蛋开始时浓，结束期色变浅。颜色有褐色、蓝色、白色等。其遗传力为 0.3～0.9。

③ 蛋形　蛋应为椭圆形，其短轴与长轴之比称为蛋形指数，用％表示，最好的蛋形指数为 74％，范围在 72％～76％。小于72％者过长；大于 76％者过圆，均不符合要求。

④ 蛋白品质　测定浓蛋白的数量应打破蛋壳，并使蛋白与蛋黄分开，凡新鲜的蛋浓蛋白较多，陈旧蛋浓蛋白减少，因此浓蛋白的量是新旧蛋的标志。蛋白品质遗传力为 0.5，可以通过选择提高蛋白品质。

⑤ 蛋黄品质　主要指蛋黄重量占全蛋重量的比例。一般蛋黄占全蛋重的30%左右，蛋黄占全蛋重遗传力为0.1。小蛋较大蛋蛋黄平均多2%，蛋白少2%。当然蛋黄色泽也很重要，色泽深蛋黄品质就好，蛋黄色泽遗传力为0.15。

⑥ 血斑率和肉斑率　蛋白内有时会有1%～2%血斑或肉斑。其遗传力为0.1～0.3。可以通过育种和减少疾病来降低。

二、肉用性状

1. 生长速度

当山鸡达到上市体重时，如果日龄越小，则饲料耗费越省。因此早期生长速度就成为肉用仔山鸡一个重要的经济性状。不同的品种（系）生长速度是不同的，同一品种内公鸡生长速度高于母鸡。生长速度遗传力较高，为0.4～0.8，经选择后容易得到改进。

2. 成年体重

体重反映山鸡的发育和健康状态，它即影响蛋重，也是产肉量的指标。种鸡应在开产前称重，体重的遗传力为0.4～0.5，个体选择可以收到明显的效果。

3. 屠宰率

是指屠宰后胴体重与活重的比率。反映了肌肉丰满与肥育程度，也是高度遗传的性状。

4. 屠体品质

① 胸部肌肉　胸部肌肉宽厚而丰满的含肉量就多，胸角要大，应在60度以上。胸宽应在4月龄时测量，超过4月龄后环境对其影响较大，数据则不准确。胸角的遗传力为0.4。

② 肉质　香味与所含脂肪酸和氨基酸有关，鲜味与所含肌苷酸和鸟嘌呤核苷酸有关，肌纤维细和拉力小的肉就较嫩。以上这些特性均与遗传因素有关。

三、其它性状

1. 受精率

受精率不仅受遗传作用，还受外界环境条件、饲养管理因素的影响。据研究，受精率的遗传力很低，大约只有 0.1。所以要从选择上来改进这个数量性状是比较困难的，大多通过饲养管理措施改进受精率。

2. 孵化率

孵化率除与蛋是否受精有关外，还受孵化条件、遗传因素的影响。孵化率的遗传力为 0.1～0.3，主要通过加强饲养管理和改进孵化技术来提高。

3. 生活力

生活力在很大程度上受饲养管理条件的影响，在同样的条件下，不同品种的山鸡死亡率和抵制疾病的能力都不同，这充分说明生活力是可以遗传的。比如采取杂交方法，利用杂种优势可以提高生活力。生活力的遗传力在 0.1 左右。生活力主要包括育成率和成鸡存活率两个重要性状。

4. 饲料效率

这个数量性状是一个比较复杂的经济性状。饲料的费用占支出总数的 70% 以上，这对于降低饲养成本有很大作用。饲料效率是用生长 1 千克体重消耗多少千克饲料来表示。据研究，饲料效率的遗传力在 0.2～0.6。在育种工作中要选择那些饲料效率较高的作种，经逐代选择可以获得成功。

第五节　山鸡的育种

一、育种方法

（一）纯种选育

纯种选育是指在同品种（品系）内进行选育，其目的是获得纯种。这种方法对加强鸡群的遗传性能和巩固生产力是稳定可靠的。所谓品系指遗传性能比较稳定一致，来源于共同祖先，而且以后世代的遗传特性均能继承下来的这一类型。繁育方法如下。

1. 家系育种法

用家系育种法形成优良家系，然后封闭血缘，进一步选育，可形成具有一定特性、特点的品系。其方法，是采用小间配种法，每小间放 12～15 只母山鸡和 1 只公山鸡，采用系谱孵化，做详细记录。根据育种的要求，也可以采取近亲交配方法，目的是把优良的性状固定下来，育成期结束后好的留下来，不好的淘汰，对好的家系扩大繁殖。家系选择过程中最好不少于 20 个家系。这样经 3～5 年就可形成具有一定特性的家系，然后封闭选育，经 6～7 年或 7～8 年就可形成新品系。

2. 封闭育种法

从原始的鸡群中选择具有相同特点或生产性能一致的小群，然后自己封闭起来，在小群内自繁选育。这样选育若干代后，可形成品群系。此外鸡与外界隔绝，经长期有意识的选择，形成一定的特殊品种也属封闭育种范畴。

3. 系祖系育种法

在原始群中选出最好的种公鸡作为系祖，然后采用温和的近交（堂表兄妹）。使后代都含有系祖的血缘，形成系祖特点的群体。然后固定下来、遗传下去，形成新品系。

4. 纯种选育应注意的问题

在纯种选育过程中，应当防止近亲繁殖所造成的品质退化。防止近亲繁殖的方法主要有：

① 对鸡群进行血液更新，定期（每 3～5 年）由外地引入无血缘关系、健壮、高产的公鸡（也可引入种蛋和种雏）。把原鸡群的种公鸡淘汰，换上新引入的种公鸡与原群的母鸡配种。

② 建立系谱，特别是育种场要分清血缘关系，采用血缘关系远的或无血缘关系的公母鸡进行选配。以家系为单位或以鸡群为单位均可。例如有甲、乙、丙、丁四个群体，分别戴上不同颜色的脚环以示区别，配种时互相串换开血缘，可防止近亲繁殖，阻止生产性能退化。

（二）杂交育种

杂交育种是采用两个或两个以上的品种或类型的公、母山鸡进行交配，并进一步对后代进行选育的方法。它是改良低产鸡、创造新类型或新品种的重要手段。这是因为不同的品种（品系）具有各自的遗传基础，杂交时通过基因重组将各亲本的优良基因集中在一起，同时由于基因的互作效应，可能产生超越亲本性状的优良个体，经过进一步的选种、选配和培育，使它们产生相当稳定的遗传能力。目前，杂交育种已是培育优秀新品种的一条非常重要的途径。

1. 杂交育种应具备的条件

① 杂交的双亲有较大的异质性，容易获得超越双亲的生产性能或经济性状。

② 公鸡的生产性能有突出的优点、体质结实、体形外貌良好、健康无疾病。

③ 被改良者必须有一定数量的母鸡群，这些母鸡群在繁殖力、耐粗饲等方面都具有优良的品质。

④ 必须保证杂种鸡的培育和饲养管理条件，只有这样才能使杂种后代的优良性状得到巩固和发展。

⑤ 对杂种后代必须严格选择。因为杂种后代变异性较大，易出现分离现象，若不注意严格选择，就会偏离方向，很难达到预期效果。

⑥ 适时控制杂交程度，在杂交后代中出现理想个体后，应及时进行固定，加强选育。

2. 杂交育种的方法

① 育成杂交　用两个或两个以上品种（品系）的山鸡进行杂交，在后代中进行选优固定和加强培育，育成一个生产性能高、符合经济需要的新品种。优良性状的固定多以群体闭锁繁育为主，就是说育种期内不得引进外血，也不得近交。

② 导入杂交　当原有品种鸡的某些性状有缺点，而另一品种鸡这个性状却很优越，就需要引入另一品种的鸡来改善原有品种的鸡。例如 A 种鸡体型大、产肉多，而 B 种鸡体型小，需要增大体型，那么应该选择体型大的 A 种鸡去改良体型小的 B 种鸡。方法是 A 公×B 母，得到的杂种鸡 AB 母，再与 A 公进行一次杂交，这种杂交也称之为级进杂交，所得到的后代 AAB 鸡，再横交固

31

SHANJI GAOXIAO YANGZHI JISHU YIBENTONG

定，经选择淘汰，可以培育出一个优秀的山鸡品种。

3. 杂交优势利用

不同品系间杂交可以生产高产优质的商品代山鸡。但是杂交能产生多大优势，与品系间的亲和力有关，要想获得真正高产、稳产、整齐和生活力强的杂交组合，必须先进行杂交组合试验，选出最好的杂交组合，才能供生产使用。品系杂交有下列三种形式：

① 二元杂交　就是两个品系的杂交。二元杂交可用两个品种中的不同品系进行，凡是具有不同特征、特性的两个品系都可进行二元杂交。其后代即可用于商品性生产，也可用于三元、四元杂交素材。

② 三元杂交　用 A 和 B 两个品系杂交。产生后代 AB，再与第三个品系 C 杂交，其后代 ABC 直接用于生产。三元杂交利用三个不同的品系，具有不同的特征、特性和不同的基因型，可使杂交优势更强大，三元杂交比二元杂交好。

③ 四元杂交　就是用四个品系两两杂交，所得的两个 F_1 再杂交，成为具有 4 个品系特点的杂交鸡。四元杂交因使用的品系较多，加效应基因更强，遗传品质更完全，杂种优势也大。在家鸡生产上广泛的采用三元杂交和四元杂交。然而在山鸡生产中因品种贫乏，可供杂交用的素材很少，因而目前尚未应用，但是当杂交素材增多时，这种杂交方法将会被广泛应用。

二、育种操作技术

（一）分群

为了准确开展育种工作，禽群经过普遍鉴定后，进行分群整顿工作，根据品种类型、等级、选育方向等情况，将其分为育种核心群、生产等级群和淘汰群。

① 育种核心群　育种核心群是育种工作的基础，占全群的20％～25％。它们是最优秀的种鸡，要有尽可能多的优点，同时应健康无病。核心群生产的后代其质量是最好的，是补充全群的唯一来源。

② 生产等级群　绝大多数鉴定合格的种鸡属于这一群，它们

至少要超过分级鉴定的最低标准，生产等级群用以生产商品鸡。

③ 淘汰群 是育种价值相对较低的鸡群，只能做商品群出售。

（二）种鸡的编号

为便于查阅谱系和记载生产性能等资料，应对种鸡进行编号。因此，种鸡编号就成为育种的一项重要工作，种鸡的编号有翅号、脚号和肩号三种。

翅号戴在出壳后雏鸡的右侧尺骨与桡骨之间的翅膜上。脚号和肩号用于成年种鸡，前者戴在左胫上，后者戴在右肩上。

翅号、脚号和肩号的编制方法，最好都有年度、种类、家系的代号和号码。

（三）育种记录

开展育种工作，必须有育种记录表格，以便及时记录有关情况和资料，便于考察、总结和分析山鸡的生产性能，使育种工作能正常进行。育种记录表格有多种多样，至少应有下列几种。

1. 产蛋记录表

产蛋记录表分为群体和个体两种。群体记录只需逐日登记该群体产蛋个数，至产蛋期结束止，统计入舍母鸡产蛋量或饲养日产蛋量。个体产蛋记录表必须使用自闭产蛋箱，按配种间或种鸡舍分别逐日登记。表样参照表3-3和表3-4。

表3-3 山鸡群体产蛋记录

鸡舍号： 品种（系）： 年

产蛋日期（月、日）	母鸡数/只	产蛋数/枚	其 中/枚					产蛋率/%
			合格蛋	破蛋	软壳蛋	畸形蛋		
累计								

表 3-4　山鸡个体产蛋记录表

鸡舍号：　　　　　　　品种（系）：　　　　　　　　　年　　月

鸡号	日　　　　期																															累计	平均蛋重
	1	2	3	4	5	6	7	8	9	10	11	12	13	14	15	16	17	18	19	20	21	22	23	24	25	26	27	28	29	30	31		

注：产蛋 √；破蛋 ×；软壳畸形 ○；就巢 △；淘汰 —。

2. 谱系孵化记录表

为了便于谱系孵化的管理，要在种蛋上记上蛋号，在谱系孵化表上记载父号和母号。表样参照表3-5。

表 3-5　谱系孵化记录表

品种（系）：　　　　　　年　　　　　　　　孵化批次：

入孵蛋号	蛋重	母号	父号	出壳日期	翅号	初生重	脚号	选留意见

3. 雏鸡编号表

内容应有品种、品系或家系代号、翅号、脚号或肩号。表样参照表3-6。

表 3-6　雏鸡编号表

品种（系）：　　　　　　　　　　　　　　　　　　　　　　年

翅号	出壳日期	初生重/克	脚号或肩号	性别	父号	母号	备注

4. 雏鸡体重登记表

至少应有出壳重，4周龄、10周龄和18周龄重，还应有开产前体重。为了细致研究生长发育情况，应有羽毛生长观察记录。

5. 家系登记表

建立家系后，应有以父系家系为主的登记表，可在父系项下分出母系登记情况。

6. 死亡登记表

依鸡舍号数，将雏鸡、育成鸡和成鸡各时期的死亡数和死亡原因逐日记载清楚。

7. 配种计划表

依配种间号数，编入公鸡。如系同雌异雄轮配，应将编定的2～3只公鸡，都预先计划安排好，然后按公鸡情况（包括血缘、性能等）分配到母鸡的配种期内。母鸡的特征、性能和血缘都应记载清楚。

8. 种禽卡片

应反映种鸡本身和祖先的性能、特性，反映种鸡的全同胞、半同胞性能和后裔鉴定成绩。表样参照表3-7和表3-8。

表3-7　公鸡卡片

鸡号：　　　　　　　　　　　　品种＿＿＿＿＿品系＿＿＿＿＿

＿＿＿＿＿＿（脚号）父号＿＿＿＿　　孵出日期＿＿＿年＿＿＿月＿＿＿日

＿＿＿＿＿＿（翅号）母号＿＿＿＿　　除籍日期＿＿＿年＿＿＿月＿＿＿日

品质鉴定资料

鉴定日期（年月日）	体质外貌				同胞生产性能						综合评定
	18周龄体重/千克	配种开始重/千克	健康状况	外貌评定	半同胞			全同胞			
					只数	开产前体重/千克	产蛋期/天	产蛋量/枚	只数	开产前体重/千克	产蛋期/天	产蛋量/枚	

（实际列：鉴定日期｜18周龄体重/千克｜配种开始重/千克｜健康状况｜外貌评定｜只数｜开产前体重/千克｜产蛋期/天｜产蛋量/枚｜只数｜开产前体重/千克｜产蛋期/天｜产蛋量/枚｜综合评定）

鉴定日期（年月日）	18周龄体重/千克	配种开始重/千克	健康状况	外貌评定	只数	开产前体重/千克	产蛋期/天	产蛋量/枚	只数	开产前体重/千克	产蛋期/天	产蛋量/枚	综合评定

谱　系

母综合评定		公综合评定	
母综合评定	母综合评定	公综合评定	公综合评定

繁殖成绩与后裔鉴定

鉴定日期（年月日）	繁殖成绩				后代成绩									综合评定
					生活力			生产性能						
	与配母鸡数/只	入孵数/枚	受精率/%	孵化率/%	育雏率/%	育成率/%	产蛋期存活/%	只数	体重/千克	产蛋数/枚	蛋重/克	产蛋期/天		

鉴定日期（年月日）	与配母鸡数/只	入孵数/枚	受精率/%	孵化率/%	育雏率/%	育成率/%	产蛋期存活/%	只数	体重/千克	产蛋数/枚	蛋重/克	产蛋期/天	综合评定

表3-8 母鸡卡片

鸡号： 品种_____品系_____

_____ （脚号）父号_____ 孵出日期____年____月____日

_____ （翅号）母号_____ 除籍日期____年____月____日

品质鉴定资料

鉴定日期（年月日）	体质外貌与生产性能					同胞生产性能								综合评定
							半同胞			全同胞				
	体质外貌	开产体重/千克	产蛋数/枚	蛋重/克	产蛋期/天	只数	产蛋数/枚	蛋重/克	产蛋期/天	只数	产蛋数/枚	蛋重/克	产蛋期/天	

谱 系

母综合评定		公综合评定	
母综合评定	母综合评定	公综合评定	公综合评定

繁殖成绩与后裔鉴定

鉴定日期（年月日）	繁殖成绩				后代成绩								综合评定
					生活力			生产性能					
	与配公鸡数/只	入孵数/枚	受精率/%	孵化率/%	育雏率/%	育成率/%	产蛋期存活/%	只数	体重/千克	产蛋数/枚	蛋重/克	产蛋期/天	

（四）生产力的测定与计算

1. 产蛋力

① 开产日龄　个体开产日龄应将每只母鸡逐一记载。群体开产日龄以 5％产蛋率的日龄代表该群体的开产日龄。

② 产蛋量　群体产蛋量的测定，一般用于繁殖种鸡场，不作个体记载，每天将群体产蛋数记入产蛋记录表中。计算方法有年产蛋量和入舍母鸡数产蛋量。前者表示某一产蛋年内，在产蛋期间实有母鸡数中平均每只母鸡的产蛋量；后者以进入产蛋舍的母鸡数为准计算每只母鸡的产蛋量。后者的计算方法，其产蛋量是低于前者的，因为后者在产蛋期内死亡的鸡数没有被减掉，这种计算方法不仅可以反映鸡群的产蛋能力，也可反映管理和遗传育种情况。

母鸡年产蛋量公式：$母鸡年产蛋量 = \dfrac{总产蛋数}{产蛋期母鸡平均数}$

入舍母鸡产蛋量公式：$入舍母鸡产蛋量 = \dfrac{总产蛋数}{入舍之日母鸡数}$

育种场的个体产蛋量的测定，采用自闭产蛋箱，可准确记载每只种鸡的产蛋量。母鸡产蛋后，及时将蛋拣出，在蛋的钝端记上公鸡号和母鸡号及产蛋日期，同时填入个体产蛋登记表中。

③ 蛋重　蛋重的测定，将每天所产的蛋都进行测重是不现实的。有人建议自开产之日起每月的 1～5 日连续测量 5 天，求其每枚蛋的平均重量。

2. 产肉力

产肉力的重要指标为屠宰率。测定方法，按我国习惯先称量空嗉的活重，然后放血，拔羽去内脏（包括食道嗉囊和气管），但保留肝脏和肌胃（净重）的屠体重（国际上要求去头和脚胫），按下列公式计算。

$$屠宰率 = \dfrac{屠体重}{活重} \times 100\%$$

3. 繁殖力

反映繁殖力的两个重要指标为种蛋的受精率和孵化率。受精率是通过对孵蛋的照检，计算受精蛋数占入孵种蛋数的百分率。

$$种蛋受精率 = \frac{受精蛋数}{入孵蛋数} \times 100\%$$

孵化率有两种表示方法，一为出雏数与受精蛋之比的百分率；另一为出雏数与入孵种蛋数之比的百分率。前者称受精蛋的孵化率；后者称入孵蛋的孵化率，企业性孵化厂计算成本时常采用它。其计算公式分别如下。

$$受精蛋的孵化率 = \frac{出雏数}{入孵受精蛋数} \times 100\%$$

$$入孵蛋的孵化率 = \frac{出雏数}{入孵种蛋数} \times 100\%$$

（五）谱系孵化技术

育种场进行品系育种时，都要进行谱系孵化。谱系孵化应做好以下几方面工作：首先要用自闭产蛋箱收集种蛋，用记号笔在蛋上要注明配种间号、父号和母号，有的还要称蛋重，编写蛋号，然后在入孵前依父系或母系分别登记入谱系孵化表，记录种蛋孵化号、父母号、蛋重等项目，孵化到移盘时，按母系装入出雏笼或出雏袋中出雏，避免与其它孵化蛋相混。出壳时待绒羽干后，取出雏鸡称重、编翅号，详细记入谱系孵化表中，这样每只雏鸡都可知其父母和全同胞半同胞等情况，便于系统选择淘汰。

第四章 山鸡的人工孵化

第一节 山鸡的胚胎发育

一、人工孵化与山鸡的孵化期

从繁殖生物学的角度出发，动物的繁殖方式大体上分为胎生和卵生两种。所有禽类均属卵生，其受精卵的胚胎期是在母体外完成的，必须由亲本进行抱孵才能发育，这一过程称为孵化。为了大量繁殖家禽，人们就模仿母鸡孵化的原理，人为地供给温度、湿度、通气等条件，经过一定的时间就可以孵出幼禽，这一过程称为人工孵化。

各种家禽均有一定的孵化期，在适宜的孵化条件下，家鸡为21天，鸭子28天，鹅31天，火鸡28天，鸽子18天，鹌鹑17～18天。孵化天数的多少，主要是它们的遗传特性所决定的。

山鸡在人工孵化时孵化期是24天。但是胚胎发育的确切时间还受多种因素的影响，例如，小蛋比大蛋孵化期略短；种蛋保存时间太长孵化期延长；孵化温度高时，孵化期缩短。孵化期过长或过短，对孵化率和雏鸡品质均有不良影响。

二、蛋形成过程中的胚胎发育

1. 卵子的受精过程

进入雌禽体内的精子先贮存在输卵管喇叭部黏膜的皱褶中，当卵子从卵巢排出进入输卵管的这一部位时，精子向卵子靠拢并集结于卵子周围，精子的顶体释放出溶解酶，其中有一个精子穿入卵黄膜进入卵子内。在此过程中引起卵皮质细胞发生反应，阻止其它精子的进入。精子进入卵子后，头部与尾部分离，迅速增大形成精原核，并与卵原核逐渐靠近，最后精子染色体和卵子染色体聚合在一起形成合子，至此受精结束。

2.早期胚胎发育

卵子在输卵管喇叭部受精不久，胚胎即开始发育。排卵后5小时，蛋位于峡部，此时发生第一次细胞分裂；约20分钟后发生第二次分裂；如此继续进行，约1小时之后蛋离开峡部，胚胎正处16细胞期。进入子宫后约4小时，细胞数达256个，又经不断地分裂，形成一个多细胞团的胚盘。受精蛋的胚盘为白色的圆盘状，胚盘中央较薄的透明层为明区，周围较厚的不透明部分为暗区。无精蛋也有白色的圆点，但比受精蛋的胚盘小，并且无明区与暗区之分。胚胎在胚盘的明区部分开始发育并形成两个不同的细胞层，在外面的叫外胚层，内层的叫内胚层。鸡胚形成两个胚层之后蛋即产出，遇冷暂时停止发育。

三、孵化期间的胚胎发育

胚胎器官的发生、形成和生长是一个连续的发育过程。现将山鸡胚胎逐日剖检变化介绍于后（表4-1），可以较为细致地反映其生长发育情况。了解胚胎逐日发育情况，可以以此为依据检验孵化条件是否适宜。

表4-1　山鸡蛋孵化期间逐日胚胎发育

孵化天数	胚胎发育情况
第1天	胚盘周围出现红点,称为血岛。近胚盘处红点分布极为密集,形成环状,远处逐渐稀疏。暗区出现原条,原条前端为头突。形成了脊索与脑泡
第2天	出现了心脏,血岛变为血管,胚胎与卵黄囊血液循环开始。心脏开始跳动,但无节律性。眼点、耳芽开始形成。羊膜囊覆盖头部(见封三彩图)
第3天	胚胎周围有四条粗大的血管,形成了密集的血管网。出现四肢原基
第4天	脑囊长至小米粒大小,半透明状。胚胎头大、颈短、体弯曲,四肢呈丘状突起。尿囊开始发育(见封三彩图)
第5天	胚胎头部明显大于躯干。眼球较大呈灰黑色。性腺、脾、肝等器官开始出现。尿囊从脐带孔向外凸出来,呈囊状。胚胎与卵黄分离。血管网包住蛋黄的1/3。出现了口裂

孵化天数	胚胎发育情况
第6天	有四肢雏形,出现白色的喙芽。羊膜囊将胚胎包住。头大身小,胚体弯曲。眼球内黑色素增多。性腺、脾、肝明显发育。蛋白逐渐减少,蛋黄逐渐膨大。卵黄囊血管覆盖了囊表面的2/3(见封三彩图)
第7天	羊膜囊内羊水较多,胚胎漂浮在羊水之中。胚胎极度弯曲,头尾几乎相连。性腺可分出公母。喙具有雏形
第8天	四肢成形,分化出趾。躯干迅速发育,头和躯干相同大小。肉眼可分辨各种内脏器官。出现肋骨和脊柱的软骨组织。头抬起,颈开始伸长,胚体开始伸直。胚胎有运动能力,尿囊接触蛋壳。胚胎重0.3~0.5克(见封三彩图)
第9天	喙分化明显,可分辨上下喙。肌胃高粱粒大小,前肢形成翼的形状,趾分化明显。胸腔开始合拢。出现鸟类外形特征。因蛋白水分的渗入,蛋黄达最大重量。胚胎重0.5~0.7克
第10天	出现鼻孔,眼睑已达虹膜。颈长,翼、后肢明显具备鸟类特征。胚胎重0.5~1.5克(见封三彩图)
第11天	眼球大而突出,似金鱼眼状。腿的外侧长出毛囊突起。腹壁大部分愈合。上喙尖端生出白点状的啄壳齿。心、肝、胃、食道、肠道、肾、性腺等内脏器官发育良好。尿囊向蛋的小头延展。胚胎重1.0~2.0克
第12天	大腿外侧及尾尖长出黑毛,但很短。头部生出毛囊,眼睑不能将眼球完全覆盖。腹部愈合良好。肠道内有绿色内容物,呈弯曲的线状。肛门形成。眼球黑白分明,胚胎伸直,头大、腹大,颈细长,羽乳头覆盖全身。尿囊血管在蛋的小头合拢。胚胎重2.0~3.0克,胚胎长2.0~3.0厘米(见封三彩图)
第13天	出现黑色背线,但很短。喙开始角质化,胫脚部鳞片出现,骨骼开始钙化。胚胎重3.0~4.0克,胚胎长2.5~3.5厘米
第14天	体侧和头部长出绒毛。身体腹侧面出现毛囊,眼睑达瞳孔处。蛋白大部分被吸收。胚胎重3.0~5.0克,胚胎长2.5~3.5厘米(见封三彩图)
第15天	全身长全绒毛,且较长。胆囊发育到小米粒大小,呈长条状。眼睑将眼球完全遮盖。胚胎重4.0~6.0克,胚胎长3.0~4.0厘米
第16天	头朝向气室,胚胎与蛋的长轴平行。蛋黄开始被吸入腹腔。羊膜腔内水分很少。胚胎重6.0~8.0克,胚胎长3.5~4.5厘米(见封三彩图)
第17天	喙接近气室,喙可以开闭。胚胎重7.0~9.0克,胚胎长4.5~5.5厘米
第18天	胚胎重8.0~10.0克,胚胎长5.0~6.0厘米。闭眼,嗉囊呈黄豆粒大小。蛋白几乎全被吸收,肺血管形成,但无血液(见封三彩图)
第19天	胚胎重10.0~11.5克,胚胎长5.5~6.5厘米。喙长0.4厘米、蹠长3.0厘米、翅长2.5厘米、中趾长1.0厘米。肝、心、肌胃较大,胆囊和脾脏高粱粒大小
第20天	胚胎重11.0~13.0克,胚胎长6.0~6.5厘米。闭眼,蛋黄少量吸入腹腔。头部发生转向,使喙压在右翼之下(见封三彩图)

孵化天数	胚胎发育情况
第21天	胚胎重14.0～16.0克,胚胎长6.5～7.0厘米。胚胎转身,喙朝向气室,尿囊和羊膜囊的液体明显消失
第22天	胚胎重17.0～19.0克,胚胎长7.0～7.5厘米。喙0.5厘米、蹠长4.0厘米、翅长3.2厘米,蛋黄全被吸入腹内,壳内有少量胎粪。尿囊血管开始萎缩。闭眼但可睁开(见封三彩图)
第23天	胚胎重18.0～20.0克,胚胎长7.0～8.0厘米。喙0.5厘米、蹠长4.1厘米,尿囊血管干枯,大批雏鸡喙穿入气室,开始肺呼吸,可闻叫声。脐血管封闭
第24天	出壳结束。胚胎重17.0～19.0克,胚胎长7.5～8.5厘米。从开始啄壳到出壳10～20小时。雏鸡从头顶至尾尖有一条黑色背线,体两侧各有一条黑色侧线,耳羽、肛周均为黑色绒毛,腹下为白色绒毛(见封三彩图)

第二节　种蛋的管理

一、种蛋的选择

① 种蛋品质要新鲜。种蛋保存时间愈短,对胚胎生活力的影响愈小,孵化率也就愈高。一般以产后一周内的种蛋较为合适,以3～5天的为最好。两周内的种蛋还可以保持一定的孵化率,超过两周以上时,则会推迟孵化期,孵化率也降低,孵出的鸡雏软弱。

② 蛋重大小要适宜。过大过小的蛋不能选为种蛋。蛋重过小,孵出的雏鸡瘦小,蛋重过大孵化率降低,所以应选符合标准蛋重的蛋做种蛋。适于孵化的种蛋重应在25～30克范围内。

③ 蛋形应正常,蛋形指数一般以74％为最好。范围在72％～76％,超过76％蛋过长,少于72％蛋过圆。蛋形过长或过圆会使雏鸡出壳发生困难,出壳时死亡率增高,必然影响孵化率。

④ 蛋壳品质要好。包括蛋壳强度和蛋壳组织,蛋壳强度指蛋壳的结实程度,有专门仪器能测定。蛋壳组织指蛋壳是否粗糙、有无砂眼、厚薄是否均匀。蛋壳过薄过厚或有砂眼等都不能选作种蛋。

⑤ 种蛋的表面要清洁,无裂缝,颜色要正常。过脏的蛋和有

裂纹的蛋常被细菌污染，容易腐败，不适于孵化。蛋壳颜色应符合品种标准。

⑥ 采集种蛋时，应来自于健康而高产的鸡群。蛋黄颜色要鲜艳，浓蛋白比例高的为品质优良的种蛋。蛋黄颜色深，说明蛋黄中维生素含量高，孵化率也高。浓蛋白多，则蛋的营养价值也高，孵化率也高，保存时间也长。

二、种蛋的贮存和运输

1. 种蛋的贮存

（1）温度　最新研究认为鸡类胚胎发育的临界温度为 23.9℃，保存时超过这个温度胚胎就开始发育，由于细胞的代谢会导致胚胎衰老和死亡；如果温度低于 0℃时，种蛋因受冻而失去孵化能力。种蛋贮存的温度要求在 12～15℃为适宜，在这个温度下贮存两周不会影响孵化率。如种蛋贮存超过 14 天，以 10.5℃效果较好。

（2）湿度　种蛋在贮存期间蛋内水分不断通过蛋壳进行蒸发，蒸发速度取决于贮蛋室内相对湿度的高低。相对湿度低，则蒸发速度快，相对湿度高，则蒸发速度慢。要保证种蛋质量，减少水分大量蒸发，应在贮蛋室内增加相对湿度，以 75％～80％为宜。如果相对湿度再高，室内一些物品易发霉变质也是不合适的。

（3）贮存时间　种蛋贮存时间的长短对孵化影响很大，贮存时间越短越好。温度高贮存时间宜短，温度适宜可贮存时间长一些。一般要求夏季贮存时间不超过 5～7 天。

（4）贮存条件　种蛋贮存条件是有严格要求的，贮蛋库必须专用，最好设有空调机，更加容易控制温度。蛋库内应保持清洁、整齐，不得有灰尘，更不得有鼠害。贮存时要求蛋的小头向下。贮存期较短时一般不用翻蛋，如超过 7 天，就应每天翻蛋一次。因胚盘比较轻，浮在蛋的上面，翻蛋可以防止胚盘与蛋壳粘连。

2. 种蛋的运输

总体原则是使种蛋尽快的、安全的运到目的地。长距离运输首选飞机，较近距离可使用火车或汽车运输。运输前将种蛋放在专用的种蛋包装箱内，要捆扎牢固，避免破损。运输过程中避免剧烈震

山鸡高效养殖技术一本通

动，冷天运输要注意保温，热天要注意降温，运输的温度最好在15～20℃，湿度在70％左右。种蛋到达目的地后，要尽快拆箱检验、检疫，拣出破损蛋，经消毒后尽快安排孵化。

三、种蛋的消毒

（一）产蛋后当天的消毒

新洁尔灭原液为淡黄色胶状液体，有较强的脱脂除污和消毒作用。市售新洁尔灭一般浓度为5％，加50倍水配成0.1％浓度的溶液，用喷雾器将药液喷洒到蛋的表面。此项工作应在采蛋后立即进行。

（二）孵化前的消毒

1. 高锰酸钾溶液浸泡法

配制成0.5％高锰酸钾溶液将种蛋浸泡1分钟，取出沥干后装盘，此时种蛋表面已被氧化成深褐色。0.5％高锰酸钾溶液正常时为紫色，当溶液因多次浸泡山鸡蛋，溶液氧化了山鸡蛋表面的有机物质，使溶液变为酱油色时，说明药液已失去消毒作用，应更换新的溶液。

2. 福尔马林熏蒸法

含40％甲醛的福尔马林能杀死细菌、芽孢、病毒和支原体。按每立方米40毫升的福尔马林和20克的高锰酸钾计算用量。方法是：将种蛋放入熏蒸柜中，先称好高锰酸钾放入搪瓷或陶瓷容器内，再放入需要量的福尔马林，迅速关闭柜门，熏蒸30分钟即可。

3. 盐酸土霉素消毒法

白痢病可以通过种蛋传染，此种消毒可杀灭种蛋中的白痢杆菌。具体做法：每1000毫升水中加入盐酸土霉素0.5克，用冰使药液温度降为4℃，并保持这个温度。种蛋入孵8小时后，将种蛋从孵化器里取出来，将种蛋装入铁丝笼内，投入药液中浸泡15分钟。浸泡过程中，因种蛋温度与药液温度温差太大，药液温度必将上升，为防止药液温度升高，应随时向液内加碎冰，保持药液温度为 4℃，还要根据加冰的量，不断加入盐酸土霉素，使药液浓度始终保持在 0.05％。15 分钟后，将种蛋重新入到孵化器中继续孵化。经试验证明，这样消毒不但能提高孵化率，而且小雏健壮、育雏率也高。之所以入孵后 8 小时消毒种蛋，是因为这个时候蛋内细菌已开始活动、发育，也是细菌生命力最弱的时候。此时消毒由于药液与孵蛋的温差较大，药液渗透力强，消毒效果最好。

第三节　孵化条件

一、温度

温度是胚胎发育的首要条件，只有在适宜的温度下才能保证山鸡胚胎的正常发育。温度过高或过低都会影响胚胎发育，假若温度超过 42℃时，经 2～3 小时后会使胚胎大量死亡；反之，温度不够则胚胎发育迟缓，如果温度低于 24℃，经 30 小时胚胎就会全部死亡。

温度不仅对孵化率有直接影响，而且还影响孵化期。如果温度经常在 38℃ 以上，雏鸡就会提前破壳；如果孵化温度经常低于 37.5℃，则会拖延破壳时间。

山鸡蛋在孵化阶段最适温度是 37.5～38.0℃；出雏阶段为 37.0～37.5℃。但因孵化方法不同，有小范围的变动，当整批入孵时（一个孵化器内只孵一批种蛋），常常采用"变温孵化"的给温制度，孵化初期为 38.5℃，中期 38℃，后期 37.5℃。

在一个孵化器内需要分批陆续入孵，这就必须在整个孵化阶段采用一个标准温度，这个标准温度就是 37.8℃，只有在出雏阶段需要降温 0.5℃，这种孵化方法被称为"恒温孵化法"。

孵化室内的温度对孵化器内的温度也有影响。孵化室温应控制在 20～25℃较为适宜。倘若夏季室温高达 30～35℃，孵化温度就应降低 0.3～0.5℃，春季室温低至 10～15℃，孵化温度就应升高 0.3～0.5℃。究竟如何控制才较为合适，还应掌握"看胎施温"技术和眼皮感温方法，以便保持蛋温高低始终适宜，从而取得满意的孵化效果。

二、湿度

湿度对胚胎发育有很大作用。如果湿度不足，会使蛋内的水分加速向外蒸发，使尿囊和羊膜腔的液体失水过多，会因渗透压增高而破坏正常的电解质平衡。相反，湿度过高，会阻碍蛋内水分的正常蒸发，同样也会破坏胚胎的物质代谢。湿度与雏鸡的破壳有关，出壳时在足够的湿度和空气中二氧化碳的作用下，能使蛋壳的碳酸钙变成碳酸氢钙，使蛋壳变脆，有利于雏鸡啄壳。所以出雏期的湿度比平时要高一些。

湿度的掌握：如果采用变温孵化，应掌握"两头高中间低"的原则。在孵化的 1～10 天相对湿度应为 60%～65%，在 11～21 天为 50%～55%，为了防止雏鸡的绒毛黏壳，在 22 天以后相对湿度增高到 65%～70%。如果分批入孵，则孵化器内的相对湿度经常保持在 53%～57%，出雏时提高到 65%～70%。为了保证孵化期间保持合适的湿度，要求孵化室内的相对湿度应保持在 50%～60% 为宜。

三、通风

胚胎在发育过程中，不断地吸入氧气和排出二氧化碳。为保证胚胎正常的气体代谢，必须供给新鲜的空气，胚蛋周围空气中二氧化碳含量不得超过 0.5%，当二氧化碳达 1% 时，则胚胎发育迟缓，死亡率增高，出现胎位不正和畸形等现象。孵化后期胚胎需氧量不断增加，就要加大通风量，孵化器内氧气含量不得低于 20%，否则孵化率就要下降。

孵化室内的空气质量也很重要，只有保持孵化室内空气新鲜和畅通，才能保证孵化器内的空气新鲜。在孵化过程中，通风和温、湿度是一对矛盾的两个方面，加大了通风量就会降低温、湿度，侧重考虑温、湿度就会影响通风，所以必须调节通风孔的大小来解决通风和温湿度的矛盾。只要能保证有正常的温度和湿度，孵化器内的空气愈畅通愈好。

四、翻蛋

翻蛋具有重要的生物学意义。蛋黄的脂肪含量较高，密度较小，总是浮在蛋的上部，而胚胎又浮在蛋黄上面，容易与内壳膜接触，翻蛋可避免胚胎与壳膜粘连。翻蛋可使胚胎各部分受势均匀，增加与新鲜空气的接触面积，有利于胚胎的发育。翻蛋可以促进胎膜与卵中养分的充分接触，这对早期胚胎吸收养分尤其重要。翻蛋有助于胚胎的运动，保证胎位正常是非常重要的。

翻蛋的方法：在孵化阶段每2～3小时翻蛋一次，翻蛋角度应达到90度。到落盘后停止翻蛋，把胚蛋改为水平摆放。大多数孵化器均有自动翻蛋装置，到钟点就会自动翻蛋，无自动翻蛋设备的只能实行手工翻蛋。

五、晾蛋

晾蛋并非必须，但有时是必要的。孵化到后期胚蛋自身产热量日益增多，如果孵化器内孵蛋密集而量大，加上孵化室温度高，孵化器通风不足，往往使胚蛋自身的热量散发不及，出现胚蛋积热超温，容易烧死胚胎。为了防止孵化后期的胚蛋超温，应加大通风换气量，必要时应进行晾蛋。一般的作法是每天定时晾蛋2～3次，每次10～15分钟，大约将蛋温降至32℃左右为宜。如果孵化器性能良好，孵化的胚蛋又少，不会出现蛋温超高烧死胚胎的问题，就可以不用晾蛋。

第四节　孵化效果的检查与分析

一、孵化效果检查

（一）照蛋

用照蛋器的灯光透视胚胎发育情况，方法简便，效果准确。照蛋器专业商店有售，也可以自己制作，样式有座式或手提式（图4-1）。

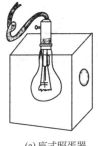

(a) 座式照蛋器　　　　(b) 手提式照蛋器

图 4-1　照蛋器

1. 第一次照蛋

在孵化的第 7 日进行。照蛋时要把无精蛋、破损蛋、中死蛋及时剔除并记在记录表上。其作用是腾出一部分空间，可以并盘，便于空气流通；防止这些无生命的蛋变质、发臭或爆裂而污染孵化器。

① 无精蛋　照蛋时发现蛋内透明，并隐约可见蛋黄的影子，没有气室或气室很小。受精蛋则蛋内有血管，像蜘蛛网一样布满蛋内，气室透明，灯光下蛋的颜色发红。

② 中死蛋　指胚胎发育中因某种原因而死亡的蛋。检查时可发现蛋内有血环、血块或血弧，蛋内颜色及气室变为混浊（图4-2）。

2. 抽检

在孵化的第 12 日抽出几个蛋盘进行照蛋。此时发育正常的胚胎，尿囊已经合拢并包围蛋的所有内容物，透视时蛋的锐端布满血管；发育落后的胚胎尿囊尚未合拢，透视时蛋的锐端淡白。如果孵化正常，可以不做这次检查。

3. 第二次照蛋

孵化至第 22 天时进行，照检后随即移盘。此时照检时发育良好的胚胎，除气室以外，已占满蛋的全部容积，胎儿的颈部紧压气室，因此气室边缘界限弯曲，血管粗大，有时可以看见胎动，发育落后的胎儿则气室较小，边界平齐；死胎蛋在气室周围看不见暗红

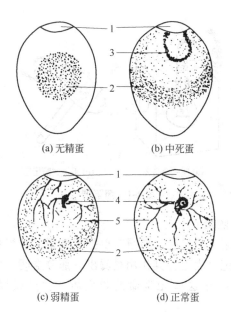

(a) 无精蛋　　　　　　　(b) 中死蛋

(c) 弱精蛋　　　　　　　(d) 正常蛋

图 4-2　头照胚蛋情况

1—气室；2—蛋黄；3—血圈；4—胚胎；5—血管

色的血管，颜色较淡，边界模糊，蛋的锐端常常是淡色的（图4-3）。死胎蛋应及时拣出。

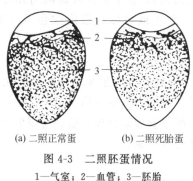

(a) 二照正常蛋　　　　　　(b) 二照死胎蛋

图 4-3　二照胚蛋情况

1—气室；2—血管；3—胚胎

（二）测定失重

　　孵化过程中蛋内水分不断蒸发，蛋重逐渐减轻。中国农业科学院特产研究所测定的结果，孵化至第 6 天蛋重减轻了 2.5％～

4.5%，第 12 天减轻了 6.9%～8.0%，第 18 天减轻了 11.0%～13.6%，第 21 天减轻了 12.7%～15.8%，第 24 天减轻了 19.1%～21.0%。如果蛋的减轻超出了这个范围，可能是湿度过低，反之可能是湿度过高，湿度过低过高均影响胚胎发育，提示在以后的孵化过程中调整孵化湿度。

（三）对出壳雏鸡的观察

在移盘后要细心观察雏鸡啄壳和出壳时间，啄壳状态以及大批出雏的时间是否正常，借以检查胚胎发育情况。

雏鸡孵出后，观察雏鸡的活力和结实程度、体重大小、蛋黄吸收情况，还要注意有无畸形、弯喙、骨骼弯曲、脚和头是否麻痹等。

（四）死胎的病理检查

死胎常表现许多病理变化。检查时首先判定死亡日龄，注意皮肤、肝、胃、心脏、胸腔、腹膜等器官的病理变化。如充血、贫血、出血、水肿、肥大、萎缩、变形、畸形等，以确定胚胎的死亡原因。对于啄壳前后死亡的胚胎还要观察胎位是否正常。

（五）死亡规律的检验

由于种种原因，受精蛋的孵化率不可能达到百分之百，也就是说孵化过程中总有一些胚胎会死亡，而且在各个阶段死亡的比例大体上有一定的变化规律，一般死亡规律随孵化率的高低略有差别（表 4-2）。

表 4-2　一般死亡规律表

孵化水平	中死蛋占受精蛋数的百分数		
	1～7 天	8～20 天	21～24 天
90%左右	2%～3%	2%～3%	4%～6%
85%左右	3%～4%	3%～4%	7%～8%
80%左右	4%～5%	4%～5%	10%～12%

有了一般死亡规律，就能以此为标准，对照检查每一批的孵化结果，确定中死蛋比较集中的时间，知道了问题发生的时间范围就

便于进一步查清死亡原因。从一般死亡规律可以看出，后 4 天的死亡率最高，相当于前 20 天的总和，前 7 天死亡率次之，中间 13 天死亡率最低。如果前期和中期死亡率增高，主要是种蛋质量问题，后期死亡率增高，主要是孵化技术问题。

二、孵化效果分析

通过对孵化效果的检查，可以看到多种原因能够导致胚胎死亡。下列诸多原因均影响孵化效果（表 4-3）。

表 4-3　孵化不良原因分析一览表

原因	新鲜蛋	第一次检蛋	打开蛋检查	第二次检蛋	死胎	初生雏
维生素 D 缺乏	壳薄而脆，蛋白稀薄	死亡率有些增高	尿囊生长迟缓	死亡率明显高	胚胎有营养不良特点	出壳拖延，幼雏软弱
核黄素缺乏	蛋白稀薄	—	发育有些迟缓	死亡率增高	胚胎营养不良，羽毛蜷缩，脑膜浮肿	很多雏鸡软弱，颈及肢麻痹，羽毛蜷缩
维生素 A 缺乏	蛋黄色浅	无精蛋增多，死亡率增高	生长发育有些迟缓	—	无力破壳或破壳不出而死	有眼病的弱雏多
陈蛋	气室大，系带和蛋黄膜松弛	很多鸡胚在 1～2 天死亡，剖检时胚盘表面有泡沫出现	发育迟缓	发育迟缓	—	出壳时期延迟
前期过热	—	多数发育不良，有充血、溢血、异位现象	尿囊早期包围蛋白	—	异位、心脏、胃、肝变形	出壳早
温度不足	—	生长发育迟缓	生长发育迟缓	生长发育迟缓，气室界限平齐	尿囊充血，心脏增大，肠内充满蛋黄和粪	出雏期限拖长，站立不稳，腹大，有时下痢

原因	新鲜蛋	第一次检蛋	打开蛋检查	第二次检蛋	死胎	初生雏
孵化后半期过热	—	—	—	破壳较早	在破壳时死亡多,不能很好吸收蛋黄	出壳早而时间拖长,小雏弱小,黏壳,蛋黄吸收不好
湿度过高	—	—	尿囊合拢延缓	气室界限平齐、蛋重失重小,气室小	嘴黏附在蛋壳上,肠、胃充满黏性液体	出壳期延迟,绒毛黏壳,腹大
湿度不足	—	死亡率高,蛋重失重大	蛋重失重大,气室大	—	啄壳困难,绒毛干燥	早期出雏绒毛干燥,黏壳
通风换气不良	—	死亡率增高	羊膜液中有血液	羊膜囊液中有血液,内脏器官充血及溢血	在蛋的小头啄壳	—
翻蛋不正常	—	蛋黄黏附于蛋壳上	尿膜囊没有包围蛋白	在尿囊外具有黏着性的剩余蛋白	—	—

第五节　常用的孵化方法及其管理

一、机器孵化法

目前,电孵化器有全自动和半自动两种。全自动的是在孵化过程中,只要打开电源,设定好各项技术要求,就会全部实现数字化管理,只要不停电就可正常运转;半自动的主要是在温、湿度控制或翻蛋控制等环节需要手工操作。

1. 孵化器的准备

在第一次孵化的前一周,检查孵化器各部件安装的是否结实可靠,电路是否接好,温度计是否准确等。检查温度计的方法:将标准温度计和孵化用的温度计都插入 38℃ 水中，观察温差，如果温差超过 0.5℃，就要更换新的温度计。

接通电源后，扳动电热开关观察供热、供湿、警铃等方面有无异常，还要看机械部分是否正常。上述部件均无异常后，要试机运行 1～2 天，一切正常后方可入孵种蛋。

2. 孵化器的消毒

在开始第一次孵化时，应对其消毒。消毒方法：先用清水刷洗孵化器，再用 0.1% 的新洁尔灭溶液擦拭，把孵化器升温到 30℃，将湿度升到 75% 左右，然后用每立方米容积按高锰酸钾 21 克、福尔马林 42 毫升，密封熏蒸 1 小时，再打开门和进出气孔，停止加热并扇风 1 小时左右，将药味排出，再关上机器的门，继续升温至 38℃，测试温度准确性。

3. 码盘及预热种蛋

将消毒过的种蛋码放在蛋盘上。入孵前 4～6 小时，将种蛋放在 20～25℃ 的房间内预热。预热就是使种蛋从蛋库内 10～15℃ 的环境下，使其缓慢增温，使胚胎从静止状态苏醒过来，对胚胎后来的发育有好处。在分批孵化情况下，种蛋预热可减少孵化器内温度骤然下降，避免了影响其它批次的孵化效果。

4. 入孵

经过预热的种蛋即可入孵。入孵时间在下午 2 时，这样出雏时间大多在白天，方便管理。一般山鸡场多采用分批入孵的方法，常采用 5 天或 7 天入孵一批。为了防止不同批次种蛋混杂，要在各批蛋盘上贴上标签，注明批次、品种、入孵时间等信息，防止检蛋、移蛋时被遗漏。新入孵的批次应穿插在以前批次的中间，使以前批次蛋温有利于温暖新批次的蛋温。要特别注意入孵的蛋盘要装牢固，防止滑脱，并注意前后盘的重量保持平衡，防止转蛋时失衡翻车。对小群配种的种蛋，应记清配种间号、父母号或个体号，便于出雏时查找。

5. 温湿度的监测

对已经设定好的温度指示器，不要轻易扭转。在机器正常运转情况下，孵化器内温度仍然偏高或偏低 0.5℃ 时，才能予以调整。

每隔半小时观察一次温度，每2小时记录一次温度。全自动孵化器可以从仪表盘上读出温度和湿度。不管是全自动或半自动孵化器，均有温度超高或超低报警装置，当孵化器内温度超高或降低1℃时就会报警，这时就要立即查找原因加以解决。

半自动孵化器的门内有玻璃窗，内挂干湿球温度计，每2小时记录一次湿球温度，并按表4-4查得相对湿度（％）。湿度偏低可增加水盘的数量，或向孵化室地面洒水，必要时可直接向孵化器内喷雾提高湿度。每天向水盘加一次温水（30℃为宜），发现水盘内有漂浮物或油质应换新水，以免影响水分蒸发效果。

表4-4　干湿温度计相对湿度查对表　　　　　　　％

干球温度	干湿球温度差数/℃									
	1	2	3	4	5	6	7	8	9	10
40℃	94	88	83	77	72	67	62	57	53	49
—	94	88	82	77	71	66	62	57	52	48
—	94	88	82	76	71	66	61	56	51	47
—	94	87	82	76	71	65	60	55	51	46
—	94	87	81	76	72	65	59	55	50	45
35℃	93	87	81	75	69	64	59	54	49	45
—	93	87	81	75	69	64	58	53	48	44
—	93	87	80	74	69	64	58	53	48	43
—	93	86	80	74	68	63	57	52	47	42
—	93	86	80	73	67	62	56	51	45	41
30℃	93	86	79	73	67	61	55	50	44	40
—	93	86	79	73	66	60	54	49	43	38
—	92	85	79	72	66	59	53	48	42	37
—	92	85	78	71	65	59	53	47	41	36
—	92	85	78	71	64	58	52	46	40	34
25℃	92	84	77	70	63	57	50	44	38	33
—	92	84	77	69	63	56	49	43	37	31
—	92	84	76	69	61	55	48	42	35	30
—	91	83	75	68	61	54	47	40	34	28
—	91	83	75	67	60	52	45	39	32	26
20℃	91	83	74	66	59	51	44	37	30	24

干球温度	干湿球温度差数/℃									
	1	2	3	4	5	6	7	8	9	10
—	91	82	74	65	58	50	43	35	29	22
—	91	82	73	65	56	48	41	34	27	20
—	90	81	72	63	55	47	39	32	24	17
—	90	81	71	62	54	46	37	30	22	15
15℃	90	80	71	61	52	44	36	27	20	12
—	90	79	70	60	51	42	33	25	17	9
—	89	79	69	59	49	40	31	23	14	6
—	89	78	68	58	48	38	29	20	11	3
—	89	77	67	56	46	36	26	17	8	—
10℃	88	77	65	54	44	34	24	14	5	—

6. 翻蛋及检蛋

1~2 小时翻蛋一次，全自动孵化器只要定好时间，便会自动翻蛋，并记录 24 小时内的翻蛋次数；半自动孵化器必须人为地按下翻蛋按钮或用摇把翻蛋。翻蛋角度从水平状态起向前或向后各翻 45 度角。

按规定的日期进行检蛋。检蛋时尽量要缩短时间，要稳、准、快地进行。检蛋时要适当提高室温，以免胚蛋受到冷刺激。

7. 移盘及拣雏

孵化到 22 天时，将胚蛋从孵化器的孵化盘中移到出雏器的出雏盘中这个过程叫做移盘。移盘时动作要快，移盘时也应适当提高室温。

山鸡蛋孵化至 23~24 天时，开始大量啄壳出雏。见有 30% 以上出壳时开始拣雏，同时拣出空壳。一般每隔 4 小时拣雏一次。拣雏时，不要同时打开出雏器前后门，以免出雏器内的温度、湿度下降过快，影响出雏率。

大群移盘，将不同品种的种蛋分别移到不同的出雏盘即可，在出雏盘上注明品种。小群的种蛋，需将一个母鸡所产的蛋装于一个纱布袋中，袋上拴上标签，注明配种室号、鸡号、蛋数等，在装纱布袋时，必须查个体孵化记录，按先后顺序进行，以免弄混发生错误。

8. 出雏

小群配种的，要分两次拣雏，第一次在满 23 天进行，第二次在满 24 天进行，按配种室号、母鸡顺序号、个体记录进行拣雏，把第一次拣出的雏鸡按母鸡个体分别放在不同的容器内暂存，注明配种室号、母鸡号和拣出小雏数，待第二次拣雏完毕时，根据个体记录，给小雏拴翅号，并立即将翅号登记在种鸡簿上。

大群配种的，雏鸡分三次检雏。第一次拣雏在出壳 1/3 的时候进行，第二次在满 23 天时进行，第三次在满 24 天时进行。每次拣雏的数量要记在记录表上。

拣雏动作应迅速，空壳随时拣出，防止套在未出鸡的蛋上影响它的出壳。发现死雏要立即拣出，以免腐败，并将死雏作好记录。拣出的小雏收容在垫有软草的容器（筐、纸盒、木箱）内，放在黑暗的地方，温度要求在 34～35℃，不能放在地上，或离热源近的地方，勿使着凉或过热。

9. 清扫与消毒

出雏完毕后必须对出雏器及其用具进行清扫和消毒。出雏器的内外均用新洁尔灭 0.1％的溶液进行擦拭，出雏盘、水盘均应刷洗干净，放入出雏器内，按每立方米用 21 克高锰酸钾加 42 毫升福尔马林熏蒸半小时消毒。出雏室经冲洗后用 3％来苏尔喷洒消毒。

10. 孵化注意事项

短时间停电在 4 小时之内，可以关闭进出气孔保温即可。长时间停电，应提高室温达 25～30℃，每隔半小时翻蛋一次。如果夏天气温超过 30℃，孵化器内温度超过 35℃，应将机器的门留一小缝，并部分地打开进出气孔。用手感测温或眼皮测温，防止烧蛋。

即使再好的机器也难免发生故障。如果孵化器皮带松弛，会使机内温度不匀，出现高温或低温死角，应及时更换新的皮带。如果风扇松动应及时紧固。蛋架轴螺栓松动容易造成翻车事故，必须加固螺栓。加热系统发生故障不是加不上温，就是温度超标，必须加强对机器的监测和维修，才能保证正常孵化。

二、火炕孵化法

1. 设备

① 火炕　炕搭在室内中央，炕尾紧靠北墙，炕头距南窗1米，东、西两侧设走道，便于孵化管理。炕宽1.8米，高0.7米，长度随屋内深度而定，靠北墙设烟筒。为保持炕面温度均匀，炕内砌花洞，火口上的炕面应加厚5厘米，防止过热。最后将炕面抹平，然后糊纸。炕要好烧、不冒烟、炕面温度均匀。

② 摊床　摊床高2米，面积与炕面相同。它是用四根坚实的木杆埋于炕的四角作立柱，沿东西和南北方向钉上横拉，起到加固立柱的作用。摊床上铺草帘和麻袋，摊床四周钉上围板。

③ 蛋盘　蛋盘是炕上孵化的主要工具。是用厚1.3厘米、高4.5厘米的木板制成33厘米×60厘米的木框，离底边0.3厘米高，每隔2厘米穿一小眼，用线绳编成网底，然后再在框的四角钉0.5厘米厚的三角形小板加固即可。

④ 保温材料　炕褥需一条，长宽与炕面相同。炕被需3条（1、2、3号三种），长宽均应比炕长出60厘米。摊被需2条，长宽均与摊面相同，一个摊被为棉被，一为单被。保温袋一条，长度等于摊床的周长，袋筒为圆形，用20厘米宽的布缝制而成，内充棉花或其它保温材料，围在摊床的周围，起到保持摊床温度的作用。

⑤ 室内加温　火炉或火洞应安置在四角靠近门窗较凉的地方。以补充室内温度。

2. 入孵前准备

孵化前一周，要细致地测量炕温，方法是：首先把室温提高到25℃左右，在炕的不同位置上放上温度计，盖上棉被，然后按要求烧炕。看一下升温的快慢，如不合要求应立即补修。补修后重新进行测温，一直达到符合要求为止。校对温、湿度计，选择种蛋，种蛋消毒等工作与机器孵化法相同。

3. 孵化操作

① 上盘编组　种蛋经过消毒、预热后装盘，每盘装蛋数大约80个左右，根据盘数多少编组。可重叠2～3层。

② 温度管理 蛋温应密切结合炕温和室温灵活掌握。检查蛋温一般习惯于用手把胚蛋放在眼皮上，以感到似烫非烫的程度最适宜。要求蛋温在 15 天内为 38～38.5℃，16 天上摊后，要求蛋温为37.5～38℃。测量蛋温的温度计放在蛋的中间，每隔 2 小时检查一次孵蛋温度，为保持炕温平稳，每隔 4 小时烧一次炕。

③ 湿度管理 火炕孵化也要适当注意湿度。平时，可定时向地面洒水，孵化后期可往蛋上喷温水，出雏期室内挂湿麻袋补充湿度。

④ 换气 孵化室内的换气孔或气窗，应经常打开，根据室内外的温度，调节打开的面积，保证室内空气良好。

⑤ 倒盘 倒盘就是调换蛋盘在炕上的位置，以达到种蛋受温均匀的目的。当蛋温超过 38.5℃时，就应当倒盘，方法是，把炕头的第一组蛋盘拿出，然后把二组移到一组的位置，三组蛋盘移到二组的位置，以后以此类推。移动时，还要把蛋盘里外调换一下位置，最后把先拿出的第一组蛋盘放于炕尾。

⑥ 转蛋 炕上的胚蛋，每天要转蛋 3～4 次。先从蛋盘下边拿出 10 几个胚蛋放于盘外，随后用两手掌把蛋由上往下滚移，再从蛋盘中央拿出胚蛋十几个，放在盘的上边，最后把先头拿出的 10 几个，放在中央。上摊后（至破壳前）继续翻蛋，每日 2～3 次，把边缘的胚蛋和心蛋对调位置，起到了均匀蛋温的作用。

⑦ 上摊 火炕孵化第 16 天上摊，上摊后发育主要依靠自温和室温。上摊前，把室温提高到 30℃。刚上摊的胚蛋可摆两层，蛋与蛋靠紧，多盖被或盖厚被。以后根据胚蛋温度上升，逐渐摆为一层，蛋与蛋不必靠得过紧，变为盖薄被，以后变为盖被单，必要时可向蛋上喷温水降温。要特别注意边蛋、心蛋的温度，通过边蛋、心蛋互换位置加以调整。

⑧ 出雏 孵化至 22 天，雏鸡开始破壳，此时应保持温度平稳，加强换气，适当提高室内温度、湿度。脱壳雏鸡达一定数量时进行拣雏，先放在温度较高的地方，促其羽毛迅速干燥，待羽毛干燥后，放在 30℃，光线比较暗的地方，恢复体力。

⑨ 清扫 满 24 天出壳结束，用 2%～3% 的来苏尔溶液对摊上的麻袋、保温被等喷雾消毒，晾干后备下次使用。

检蛋的方法与检蛋的时间同机器孵化法一样。

三、热水袋孵化法

1. 孵化设备及用具

主要有普通火炕,电热毯1个,蛋盘(长1.5米、宽0.8米、高0.15米)2~3个,羽绒被,温度计,塑料薄膜水袋(略长于木框,宽与木框相同),温度控制器等(图4-4)。

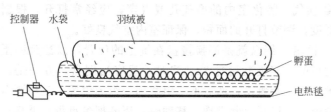

图 4-4 热水袋孵化示意图

2. 孵化方法

把木框平放在炕上,框底铺垫两层软纸,将塑料水袋平放框内,框内四周与塑料薄膜水袋之间塞上棉花及软布保温,然后往塑料薄膜水袋中注入40℃温水(以后始终比蛋温高0.5~1℃),使水袋鼓起10厘米高。把蛋盘放在塑料薄膜水袋面,每个蛋盘装400~500个种蛋。把温度计分别放在蛋面上和插入种蛋之间,用棉被把种蛋盖严。种蛋的温度主要靠往水袋里加冷、热水来调节。整个孵化期内,只注入1~2次热水即可。每次注入热水前,先放出等量的水,使水袋中水始终保持恒温。火炕不可烧得太热,最好用电热毯辅助增温。从入孵到第16天,蛋面温度要保持在38~39℃(第一周为39~38.5℃,第二周为38.5~38℃),不得超过40℃。第17天到出雏前两天,蛋面温度应保持在38~37.5℃,在临出雏前3~5天,用木棒把棉被支起来,使蛋面与棉被之间有个空间,以便通气。整个孵化期间,室内温度要保持24℃左右。室内湿度以人不觉干燥为宜。若太干,可往地面洒水。

入孵1~16天,每昼夜翻蛋3~4次,第17~21天,每昼夜翻蛋4~6次。翻蛋时注意互相调换蛋的位置。在孵化量大,蛋层多时,可把第一层种蛋逐个拣到第二层，第二层拣到第三层，第三层拣到第一层。单层孵化时，也可用双手将种蛋有次序地从蛋盘一端向另一端轻轻推去，使种蛋就地翻动一下。胚蛋发育到中后期，自身热量逐渐增大，同时产生大量污浊气体，通过翻蛋和凉蛋可散发多余热量，排除污浊气体。前期凉蛋可结合翻蛋进行，每次约 10 分钟，后期每次 15～20 分钟。第 22 天，将蛋大头向上，等待出雏。

四、孵化记录

孵化记录是考查孵化管理和孵化效果的重要依据，是总结孵化经验，改进孵化技术的重要参考资料。孵化记录至少有以下基本的记录表格。

① 孵化进度表 这是以表格的形式对孵化进度的总体安排。事先应大致确定孵化批次与时间，安排好批与批的间隔时间，各批次的头照、二照、出雏的时间等（表 4-5）。

表 4-5 孵化进度表

年

批　次	入孵日（月日）	入蛋数/枚	头照日（月日）	二照日（月日）	出雏日（月日）	出雏数/只	孵化率/%

② **孵化管理记录表** 它相当于孵化日记，每天使用一页。重点的反映了孵化的管理情况，必须按时填写。孵化过程一旦出现问题便于查找原因（表4-6）。

③ **孵化成绩记录表** 通用于大群配种和小间配种孵化成绩的统计记录（表4-7）。此表是今后育种繁殖、生产性能分析的重要依据，必须认真计算和填写。

此外，对胚胎失重抽测情况、雏鸡胚胎发育状态的观察、雏鸡病理解剖的观察情况，都应做好必要的记录。

表4-6 孵化管理记录表

孵化器编号：　　　　　第　　批　　　年　　月　　日

钟点	温度/℃		湿度/%		转蛋	通气	记　事	值班员
	孵化器	孵化室	孵化器	孵化室				
14：00								
16：00								
18：00								
20：00								
22：00								
24：00								
02：00								
04：00								
06：00								
08：00								
10：00								
12：00								

表 4-7　孵化成绩记录表

品种（系）：　　　　　父号：　　　　　母号：　　　　　年

批次	入蛋数/枚	头照/枚			二照/枚			出雏/只				破损蛋/枚	受精率/%	受精蛋孵化率/%	入孵蛋孵化率/%
		合计	无精	中死	合计	无精	死胎	合计	健雏	弱雏	死亡				
合计															

第五章 营养与饲料

第一节 山鸡的消化特点

一、消化器官的构造

山鸡的消化系统包括喙、口腔、舌、咽喉、食道、嗉囊、腺胃、肌胃、小肠、盲肠、大肠、泄殖腔等部分，其附属器官主要有肝、胆囊和胰腺（图5-1）。

山鸡的嘴为角质的喙，呈圆锥形，便于喙食粒状的饲料。口腔

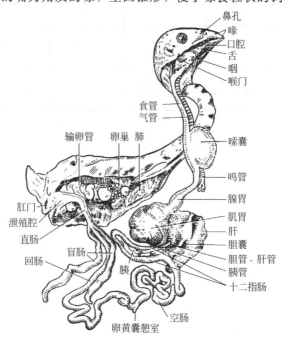

图 5-1 山鸡的消化器官

内没有牙齿，依靠喙将饲料撕碎才能咽下去。山鸡的唾液腺很不发达，饲料在口腔内被唾液稍稍浸湿就进入食道。

食道位于气管的右侧，并在胸腔前面有一个膨大的嗉囊，吃进的饲料首先存在嗉囊里。山鸡的嗉囊不分泌消化液，仅分泌黏液来软化饲料。嗉囊再往下是胃。

胃有两个部分，一个是腺胃，一个是肌胃。腺胃很小，饲料在腺胃中停留时间比较短，但腺胃的消化腺特别发达。肌胃的壁特别发达，由坚厚的肌肉构成。肌胃内还有坚硬的角质膜，称为内金。内金具有粗糙的摩擦面。一切坚硬的食物靠肌胃收缩时的压力和砂来磨碎，代替了牙齿的咀嚼作用。

肠道分为十二指肠、空肠、回肠，盲肠、直肠5个部分。十二指肠与肌胃连接，中间夹有胰腺，胰管和输胆管都开口于十二指肠。空肠和回肠界限不十分明显，统称小肠。小肠和直肠相交界处有一对独头的肠道叫做盲肠。由小肠来的肠内容物不都经过盲肠，只有10％的纤维性饲料才进入盲肠，其它的直接进入直肠排出体外。直肠能吸收水分，其末端为泄殖腔开口，粪便从此排出。泄殖腔也是输尿管、输精管、输卵管的共同开口处。

二、消化特点

山鸡的消化道较短，为全体长的2倍，因而饲料通过消化道比较快，有人测定，食糜通过成年山鸡的消化道的速度为1.23厘米/分钟，幼龄山鸡比成年山鸡快10％。饲料通过消化道的时间因饲料性质和生理状态而异，整粒料比碎料时间长，碎料比粉料时间长，粉料通过消化道的时间，雏鸡和产蛋鸡大约为4小时，休产鸡为8小时。

山鸡的消化主要是在肠道内进行。蛋白质在胃蛋白酶和胰蛋白酶的作用下最终分解成氨基酸被体内吸收。碳水化合物在体内吸收之前分解成单糖，淀粉在唾液作用下转化成麦芽糖，麦芽糖在肠液作用下变成葡萄糖那样的单糖。纤维的消化是靠肠道内微生物的发酵分解来完成。脂肪的消化主要由胰液和胆汁将其分解成脂肪酸和甘油被体内吸收。

山鸡的饲料消化率受很多因素影响。一般来讲，对草类饲料的消化率低，对谷物饲料的消化率与家畜无大的差别，但对谷物中纤维的消化率显著低于家畜，Torgo Wski（1980）测定，成年山鸡粗蛋白的消化率为 75.2％，幼龄山鸡为 82.2％；粗纤维消化率成年山鸡为 39.9％，幼龄山鸡为 9.7％；成年山鸡无氮浸出物的消化率为 68.8％。

第二节　山鸡的营养需要

一、能量

山鸡的一切生理过程，包括运动、吸呼、循环、吸收、排泄、神经系统、繁殖、体温调节等都需要能量。日粮中碳水化合物及脂肪是能量的主要来源。尽管蛋白质在体内分解也可产生热能，但因其价格昂贵，用于产热实在是一种极大的浪费。饲料中的淀粉作为热能来源价格是最便宜的。山鸡对纤维的消化能力低，日粮中纤维含量不可过多，一般日粮的纤维含量在 3％～5％之间。

鸡体和蛋内都含有脂肪，日粮中淀粉能转化为脂肪。而且大部分脂肪酸在体内能够合成，所以一般来讲山鸡是不存在缺乏脂肪的问题的。唯有亚油酸在山鸡体内不能合成，必须靠饲料中供给。玉米中亚油酸含量比较多，以玉米为主要饲料，一般不须额外补充。

脂肪的发热量比碳水化合物高 2.25 倍。所以，幼龄山鸡的日粮中添加 1％～3％的脂肪，能提高日粮的能量水平，对幼龄山鸡提高饲料利用率能收到比较好的效果。

能量的需要量受体重、产蛋率、环境温度及活动量等方面的影响。体重愈大，单位重量的热能需要量愈少，也就是说雏鸡单位体重所需要的能量要大于成年鸡。而总的能量需要量还是成鸡大于雏鸡。产蛋量愈低，消耗维持需要的能量愈大。环境温度低，机体代谢速度加快，需要产生足够的热能来维持正常体温，因而能量需要量增加。活动量大能量需要量就大，反之就小。

日粮能量水平低时采食量就增加，如果此时蛋白质水平不变，就会造成蛋白质的浪费；反之，在使用高能日粮时，采食量减少，如果不提高蛋白质水平，就会导致蛋白质不足和体内脂肪沉积增加。关于各种营养物质的正确比例，常常涉及到"蛋白能量比"。蛋白能量比是指每千克配合饲料所含粗蛋白质（克）与所含代谢能（兆焦）的比例。

例如，某配合饲料粗蛋白含量为26.7%，每千克代谢能为12.24兆焦，则该配合饲料的蛋白能量比为：1000克×26.7%/12.24兆焦＝21.8克/兆焦。

通常，幼雏、产蛋鸡需要较高的能量水平，育成鸡可适当控制能量水平，产蛋鸡要根据产蛋率的高低做适当的调整。山鸡各生产阶段能量需要量参照有关饲养标准（表5-3～表5-7）。

二、蛋白质

蛋白质是含有碳、氢、氧、氮和硫的复杂有机化合物，由20多种氨基酸构成。蛋白质是山鸡体细胞和蛋的主要成分，山鸡的肌肉、皮肤、羽毛、神经、内脏器官以及酶类、激素、抗体等都含有大量的蛋白质。而蛋白质又不能由其它营养物质来代替，日粮中如果蛋白质不足，山鸡的生长变慢，产蛋量也少。为了保证山鸡的正常生长发育和正常产蛋，必须在日粮中给以足够的蛋白质。

饲料蛋白质的营养价值主要取决于氨基酸的组成。山鸡的必需氨基酸有蛋氨酸、赖氨酸、组氨酸、色氨酸、苏氨酸、精氨酸、异亮氨酸、亮氨酸、苯丙氨酸、缬氨酸、胱氨酸。赖氨酸、蛋氨酸、胱氨酸和色氨酸，这些氨基酸叫作限制性氨基酸。如果饲料中缺乏限制性氨基酸，其它的氨基酸再多也无用。例如，山鸡的日粮中其它氨基酸都很充足，只有赖氨酸的供应量仅达营养需要量的70%，那么饲料中蛋白质中其它氨酸酸的利用率最高也只能达到70%，其余的30%在肝脏中经脱氨后随尿排出体外。这说明在满足山鸡蛋白质需要时，必须考虑"量"和"质"的并重。

通常采用植物性蛋白和动物性蛋白饲料适当搭配的方法，来实现蛋白质的氨基酸互补。只喂植物性蛋白饲料，山鸡生长、产蛋均受到不良影响，而补充少量的动物性蛋白饲料，可得到显著改善，这是因为动物性蛋白质富含限制性氨基酸，补充了植物性蛋白质的不足。适当补充一部分动物蛋白饲料或添加人工合成的蛋氨酸或赖氨酸，可保证氨基酸的平衡。据家鸡的试验表明：日粮中加入0.1％蛋氨酸可代替5％的豆饼，产蛋量提高了15.6％，总蛋重、种卵受精率和有精卵孵化率也有所提高。

山鸡幼雏期和产蛋期蛋白质需要量较高，育成期较低（表5-3～表5-7）。

三、矿物质

矿物质有调节渗透压、保持酸碱平衡等重要作用，是山鸡正常生活、生产所不可缺少的重要物质。

在矿物质中，山鸡对钙和磷的需要量最多。雏鸡缺钙患软骨症，成鸡缺钙蛋壳变薄或产软皮蛋。钙的补充量也不应过多，育雏期和育成期日粮中钙含量应为0.8％～1.0％，产蛋期为2.5％左右。钙量过高，会阻碍镁、锰、锌的吸收，降低蛋壳品质。

磷也是构成骨骼的主要成分，缺乏症同缺钙一样。山鸡对无机磷的利用率能达到100％。因此日粮中必须补充骨粉、贝壳等无机磷，日粮中磷的需要量不低于0.7％。给山鸡补充钙磷时，还要十分注意二者的比例，钙磷的正常比例是：雏鸡最好为1.2∶1，成年产蛋鸡应是（4～5）∶1。

钠、钾、氯三种元素与维持体内酸碱平衡和细胞的正常渗透压有关。山鸡的饲料中通常不会缺钾，只需要补充食盐来满足钠、氯的需要。食盐还能改善饲料的适口性。雏鸡日粮中食盐的含量为0.1％～0.3％。成鸡日粮中的含盐量不超过0.5％。盐量不足，山鸡会消化不良、食欲减退、生长发育缓慢，也容易出现啄癖；成鸡缺盐蛋重减轻，产卵率下降。盐量过高会引起盐中毒。

还有一些矿物质需要量低微，故称为微量元素，它们在维持山鸡正常生理作用上也是很重要的，如铁、锰、铜、锌、碘、硒等。微量元素参与激素、维生素、酶或辅酶的代谢，影响山鸡的生长、发育、繁殖和健康。

锰与钙、磷代谢有关。雏鸡缺锰易患曲腱症，成鸡缺锰蛋壳变薄，孵化率降低。

铁、铜、钴三种元素在体内有协同作用，缺一不可。缺少铁、铜会发生贫血症。钴是维生素 B_{12} 的成分，缺钴时妨碍维生素 B_{12} 的合成，也会导致贫血。

锌参与核酸和蛋白质的代谢。当雏鸡缺锌时，引起羽毛脱落及小羽枝缺损等症状。硒与维生素代谢有关，缺硒则引起白肌病和渗出性素质病。碘与甲状腺的活动机能有关，当饲料中缺乏碘时可引起甲状腺肿大。

当今，微量元素多以添加剂的形式补充到饲料中，以满足动物的生理需要。

四、维生素

山鸡对维生素的需要量甚微，但对机体物质代谢却起着非常重要的作用。已知鸡类需要的维生素有维生素 A、维生素 D、维生素 E、维生素 K、硫胺素、核黄素、烟酸、吡醇素、泛酸、生物素、胆碱、叶酸、维生素 B_{12} 和维生素 C。其中最容易缺乏的是维生素 A、维生素 D、维生素 E、维生素 B_2 和维生素 B_{12}。

维生素 A 能维持上皮细胞和神经组织的正常机能。缺乏时山鸡生长缓慢，产蛋少，孵化率低，易发生干眼症、夜盲症和瞎眼病。

维生素 D 与鸡体钙磷代谢有关。缺乏时雏鸡生长不良，腿部无力，喙、脚和胸骨变软，跗关节肿大。成鸡产软壳蛋，产蛋量和孵化率均下降。饲喂青干草类或鸡体多晒太阳，都可获得更多的维生素 D。

维生素 E 与核酸代谢以及酶的氧化还原有关。缺乏时雏鸡患脑软化症、渗出性素质病和肌营养不良，公鸡睾丸退化、种蛋孵化率低。

核黄素也称为维生素 B_2，它对体内氧化还原、调节细胞呼吸起重要作用。缺乏时雏鸡生长不良、软腿、以关节着地走路、趾向内侧卷曲；成鸡产蛋少，蛋的孵化率低。

烟酸是某些酶类的重要成分，与碳水化合物、脂肪和蛋白质代谢有关。缺乏时生长慢、跗关节肿大、腿骨弯曲，成鸡种蛋孵化率降低。

泛酸与碳水化合物、蛋白质和脂肪代谢有关。缺乏时发生皮炎，生长受阻，骨短粗，种蛋孵化率低。

生物素与机体物质代谢有关。缺乏时鸡脚皮肤粗糙、开裂，雏鸡生长缓慢，种蛋孵化力降低。

胆碱是体内含甲基化合物，是蛋氨酸等合成甲基的来源。缺乏时生长缓慢，发生屈腱病。

维生素 B_{12} 参与核酸合成，与碳水化合物和脂肪代谢有关。缺乏时雏鸡生长不良，种蛋孵化率降低。

五、水

雏鸡体内大约含水 70% 左右，成年鸡含水 50% 左右，鸡蛋含水 70% 左右。水在养分的消化、吸收、废物的排泄，血液循环，体温调节上，都起着非常重要的作用。如果饮水不足，饲料的消化吸收不好，血液变浓，体温上升，生长发育和产蛋都要受到严重的影响，当山鸡体内失水 10% 时，就可造成死亡。

山鸡的饮水量随季节、产蛋多少而有差异，一般一只成年鸡每天需要 150~250 毫升水。当气温高时饮水增加，产蛋量高时饮水量也多。一般成鸡的饮水量是采食量的 1.6 倍左右，雏鸡的饮水量大约是采食量的 1.8 倍左右。当气温高于 20℃ 时，山鸡的饮水量开始增加，而温度在 35℃ 时的饮水量是 20℃ 时的 1.5 倍。一般气温在 0~20℃ 间，山鸡的饮水量变化不大，而 0℃ 以下则饮水量减少。从 3 周龄到 12 周龄，山鸡消耗水量每天每千克体重由 240 毫升减少到 80 毫升。山鸡的摄水量随日粮蛋白质浓度的提高而提高。若将食盐水平提高到正常量的一倍，每天摄水量提高了 14%。山鸡每天饮水三次与全天自由饮水，其摄取总量无明显差别。

第三节　常用的饲料

一、能量饲料

1. 粮谷饲料

这种饲料的特点是以碳水化合物为主要成分，容易消化、体积小，是主要的热能来源。这类饲料一般粗蛋白的含量在20％以下。

① 玉米　玉米含能量高，纤维少，适口性强，产量高，价格便宜，是山鸡的主要饲料，特别是黄玉米，含胡萝卜素和叶黄素较多，有利于山鸡的生长、产蛋。其粗蛋白含量一般为8％～9％。但玉米中赖氨酸、蛋氨酸、B族维生素和磷、钙含量比较低，配合饲料时应注意补充这些营养成分。在日粮中玉米可占35％～65％。

② 高粱　粗蛋白含量一般为8％～10％，但因其蛋白质品质较差，含单宁酸较多，喂量不能超过10％。

③ 碎米　是粮谷加工时的破碎料。淀粉含量高，粗纤维含量低，易于消化，是山鸡的良好的饲料。其缺点和玉米类似。碎米可占日粮的30％～50％。

④ 麦类　小麦、大麦都是很好的山鸡饲料。小麦含热能较高，蛋白质也较多，B族维生素也很丰富，可占日粮的10％～30％。大麦和燕麦比小麦能量低，B族维生素丰富，少量使用可增加日粮的种类，调剂营养物质的平衡。大麦和燕麦宜破碎或发芽后喂饲。大麦发芽可提高消化率，增加核黄素含量，适用于配种季节饲喂。

2. 糠麸饲料

糠麸饲料主要包括各种米糠、麦麸等。这类饲料价格低，热能含量低，纤维素多，粗蛋白和B族维生素以及锰的含量较高，也是山鸡常用的饲料。糠麸饲料在日粮中的含量不能太高，占5％～15％。

二、蛋白质饲料

1. 植物性蛋白质饲料

植物性蛋白质饲料有大豆饼粕、菜籽饼、麻籽饼等。其中大豆饼、豆粕的蛋白质含量较高，含赖氨酸较多，是饲养山鸡常用的植物性蛋白质饲料。一般大豆饼和豆粕含粗蛋白为40％以上，可占日粮的10％～25％。

葵花饼、花生饼、芝麻饼、菜籽饼和棉籽饼等含蛋白质量也很高，但纤维含量和脂肪含量也不少。因此日粮中蛋白质含量不能太高，一般以5％～10％较为适宜。菜籽饼含有芥素，喂前应加热去毒；棉籽饼含有棉酚，喂前应粉碎并加入 0.5％的硫酸亚铁，使棉酚与铁结合去毒。

2. 动物性蛋白质饲料

动物性蛋白质饲料有：鱼粉、骨肉粉、血粉、废弃肉、鲜鱼、虾、蚕、奶、蛋、羽毛粉等。

鲜鱼、鱼粉的蛋白质含量高达 50％～60％，而且氨基酸组成完善，特别是蛋氨酸、精氨酸比较丰富，同时还含有大量的 B 族维生素和钙、磷等矿物质，对雏鸡生长、成鸡产蛋都有良好效果。所以，鲜鱼和鱼粉是山鸡最理想的动物性饲料，特别是淡鱼粉效果更好，它可占日粮的 5％～15％。

骨肉粉比鱼粉质量差，而且容易变质腐败，喂前要严格检查。幼鸡用量不超过 5％，成鸡可占 5％～10％。

羽毛粉含粗蛋白较高，水解的羽毛粉含粗蛋白 80％左右，是蛋白质的重要来源之一。当山鸡有啄毛癖时，可喂些羽毛粉。但羽毛粉中蛋氨酸、赖氨酸和组氨酸的含量比较低，喂羽毛粉时其含量不能超过 5％。

血粉中含粗蛋白较高，在 70％左右，赖氨酸比较丰富，山鸡的日粮可加入 5％～7％。当山鸡发生啄肛、啄趾、啄羽等恶癖时也可补喂一定量的血粉效果较好。

其它动物性蛋白质饲料如虾、蚕蛹等，也是较好的蛋白质饲料。但喂时要煮熟，还应注意防腐，喂量在 5％～10％。

三、矿物质饲料

贝壳、石灰石、蛋壳等均为山鸡矿物质饲料的主要来源，雏鸡一般喂 1％左右。成鸡 5％～7％。贝壳是最好的矿物饲料，含钙多，容易被吸收，价格也比较便宜。但在喂鸡时不能完全以粉末的形式喂给，应喂给一部分贝壳的碎块。试验证明，贝粉容易被血液吸收，给量过多，对鸡不利。而贝壳碎块则不然，不但不能马上被血液吸收，还能在肌胃中起到帮助消化作用。另外，石灰石含钙量也很高，但要注意镁的含量不能过高。贝壳不足，可将蛋壳清洗、煮沸、粉碎后喂鸡，这也是钙的补充来源。

骨粉主要含磷，也含钙。不论是雏鸡还是成年鸡，都是优良的矿物质饲料，一般占日粮的 2%～8%。

食盐是钠和氯的主要来源，也是山鸡不可缺少的矿物质饲料，虽然不可缺少，但给量不能大，一般雏鸡日粮中食盐应占 0.2%～0.3%，成鸡日粮中食盐可占 0.3%～0.4%。

砂粒有助于山鸡肌胃的研磨力，笼养或接触不到砂粒的雏鸡，开始时每二三百只雏鸡每天撒一把砂粒即可。从 4 周龄起，每周每100 只鸡补喂砂粒 60 克即可。

四、维生素饲料

白菜、菠菜、胡萝卜、苜蓿、聚合草、西黏谷、各种无毒野菜等都是山鸡良好的维生素饲料。青绿饲料饲喂量可占精饲料的30%左右，饲喂方法以打浆或切碎拌入精饲料中较好。

干草粉类含有大量的维生素和矿物质，对山鸡的产蛋、种蛋孵化率均有良好的作用。苜蓿草粉含有大量的维生素 A、维生素 B、维生素 E 等，并含蛋白质 14%左右。槐树叶粉、豆科牧草粉的营养价值也很高，适用饲喂山鸡。干草粉类的用量可占日粮的2%～5%。

五、饲料添加剂

饲料添加剂是基础饲料的添加成分，虽用量甚微，但效果显著，具有多方面的功能。按其用途可分为营养添加剂、生长促进添加剂、饲料保护添加剂、食欲增进剂和产品质量改进剂等。

① 营养添加剂　主要包括氨基酸添加剂、微量元素添加剂和维生素添加剂。其中氨基酸添加剂主要有蛋氨酸和赖氨酸。微量元素添加剂的元素主要有钴、铜、碘、铁、锰、锌等，多以复合型添加剂补充在饲料中。维生素添加剂有单品种和复合维生素两种，根据需要添加。营养添加剂一般占日粮的 0.5%～1%。

② 生长促进剂　主要包括抗生素类（如杆菌肽、金霉素、红霉素、新霉素、土霉素、泰乐霉素和制霉菌素等）、酶制剂、镇静剂、药物保健添加剂和中草药助长剂等。

③ 饲料保护剂　主要包括抗氧化剂、防霉剂等，起到防止饲料氧化和变质的作用。

由于各种添加剂用量甚微，必须用扩散剂预先混合均匀，才能放入配合饲料中去，否则配合饲料中因添加剂混合不均匀，容易发生营养欠缺、药效不佳或发生中毒。

六、山鸡常用饲料的营养成分

配合山鸡日粮时，必须用到饲料营养成分表，这种营养成分表与家鸡的通用。常用饲料营养成分中粗蛋白、代谢能、粗脂肪、粗纤维、钙和磷见表5-1，氨基酸含量见表5-2。关于微量元素、维生素和亚油酸的需要量，在配合饲料时以添加剂形式予以补充，可满足山鸡的营养需要，故未一一列出。

表5-1　山鸡常用饲料营养成分表

饲料名称	水分/%	粗蛋白/%	代谢能/(兆焦/千克)	粗脂肪/%	粗纤维/%	钙/%	总磷/%	有效磷/%
玉米	13.5	9.0	13.35	4.0	2.0	0.03	0.28	0.06
高粱	12.9	9.5	13.14	3.1	2.0	0.07	0.27	0.08
小麦	12.1	12.6	12.38	2.0	2.4	0.06	0.32	0.09
大麦	12.6	11.1	11.51	2.1	4.2	0.09	0.41	0.09
小麦粉	13.6	15.3	13.89	2.6	1.0	0.05	0.34	0.09
碎米	14.2	7.9	13.56	2.4	1.1	0.03	0.32	0.07
大豆	13.8	36.9	13.35	15.4	6.0	0.24	0.67	—
大豆饼	11.2	40.2	10.00	5.4	4.9	0.32	0.50	0.15
大豆粕	11.9	46.2	10.33	1.3	5.0	0.36	0.47	0.19
棉籽饼	11.0	36.1	7.95	1.0	13.5	0.26	1.16	0.16
菜籽饼	11.4	35.3	6.82	0.9	10.7	0.72	1.24	0.29
米糠	12.8	15.0	11.38	17.1	7.2	0.05	1.81	0.31
麦麸	12.2	16.0	8.66	4.3	8.2	0.34	1.05	0.26
鱼粉(进口)	8.3	60.8	11.09	8.9	0.4	6.78	3.59	2.90

饲料名称	水分/%	粗蛋白/%	代谢能/(兆焦/千克)	粗脂肪/%	粗纤维/%	钙/%	总磷/%	有效磷/%
鱼粉(国产)	8.7	50.5	9.87	12.0	0.7	9.24	5.20	2.15
骨肉粉	6.5	48.6	11.13	11.6	1.1	11.31	5.61	4.70
羽毛粉	15.0	85.0	8.43	2.5	1.5	0.30	0.77	0.67
蚕蛹渣	10.2	68.9	11.13	3.1	4.8	0.24	0.88	0.70
动物油	0.5	—	33.43	93.4	—	—	—	—
植物油	0.5	—	26.82	99.4	—	—	—	—
饲用酵母(啤酒)	9.3	51.4	10.17	0.6	2.0	2.20	2.92	0.88
紫苜蓿粉	11.4	15.5	3.56	2.3	23.6	2.21	0.21	0.07
贝壳粉	—	—	—	—	—	38.10	0.14	0.14
骨粉	—	—	—	—	—	30.71	12.86	12.86
磷酸氢钙	—	—	—	—	—	24.32	18.97	18.97
磷酸钙	—	—	—	—	—	32.07	18.25	18.25
碳酸钙	—	—	—	—	—	36.74	0.04	0.04
食盐	—	—	—	—	—	0.03	—	—

表5-2 山鸡常用饲料的氨基酸含量 %

饲料名称	精氨酸	组氨酸	异亮氨酸	亮氨酸	赖氨酸	蛋氨酸	胱氨酸	苯丙氨酸	苏氨酸	色氨酸	缬氨酸
玉米	0.49	0.24	0.32	0.11	0.24	0.17	0.22	0.43	0.32	0.06	0.45
高粱	0.33	0.21	0.38	1.19	0.23	0.12	0.13	0.44	0.29	0.08	0.49
小麦	0.60	0.28	0.40	0.81	0.38	0.16	0.26	0.52	0.34	0.13	0.54
大麦	0.46	0.21	0.37	0.76	0.37	0.13	0.14	0.52	0.36	0.12	0.53
燕麦	0.56	0.34	0.34	0.66	0.35	0.16	0.34	0.45	0.34	0.12	0.45
小麦粉	0.39	0.29	0.58	0.87	0.29	0.11	—	0.58	0.29	0.11	0.43
碎米	0.52	0.19	0.41	0.69	0.30	0.22	0.10	0.40	0.37	0.12	0.59
大豆	2.77	0.89	2.03	2.80	2.36	0.48	0.59	1.81	1.44	0.48	1.92

饲料名称	精氨酸	组氨酸	异亮氨酸	亮氨酸	赖氨酸	蛋氨酸	胱氨酸	苯丙氨酸	苏氨酸	色氨酸	缬氨酸
大豆饼	3.77	1.11	2.00	3.10	2.59	0.49	0.70	1.77	1.48	0.44	2.14
棉籽饼	4.04	0.90	1.44	2.13	1.48	0.54	0.61	1.88	1.19	0.47	1.73
菜籽饼	1.86	0.90	1.24	2.09	1.64	0.53	0.68	1.24	1.30	0.68	1.58
米糠	1.26	0.46	0.60	1.17	0.89	0.21	0.32	0.69	0.66	0.17	0.92
麦麸	1.05	0.44	0.51	0.97	0.64	0.16	0.26	0.59	0.49	0.28	0.74
鱼粉（CP60%）	3.25	1.40	2.56	4.36	4.20	1.80	0.55	2.42	2.42	0.74	2.91
骨肉粉	3.34	0.78	1.32	2.88	2.49	0.52	0.50	1.40	1.63	0.22	1.94
羽毛粉	5.25	0.50	3.75	6.58	1.42	0.42	3.75	3.58	3.58	0.50	6.41
蚕蛹粉	3.53	1.76	2.54	3.97	3.86	1.32	0.68	3.20	2.54	1.43	2.43
饲用酵母	3.12	1.06	2.11	3.33	3.95	0.85	0.56	1.96	2.31	—	2.54
紫苜蓿粉	0.67	0.25	0.60	0.97	0.64	0.16	0.14	0.62	0.55	0.24	0.72

第四节 山鸡的饲养标准和日粮配合

一、饲养标准

为了合理饲养山鸡，满足其生长发育需要，既能充分发挥鸡的生产能力，又不浪费饲料，必须对各种营养物质的需要量规定一个大致的标准，以便在实际饲养过程中有所遵循。

家禽饲养标准规定了日粮中的蛋白质、矿物质和维生素的需要量，以每千克饲料的含量或百分比（%）表示。能量的需要量一般以兆焦/千克表示，也有人用兆卡/千克表示，二者换算关系是 1 兆卡/千克＝4.184 兆焦/千克。

矿物质和维生素的需要，NRC 标准是按最低需要量制定的，实际配合日粮时均应加上安全量。

家鸡的饲养标准很多，但是山鸡的饲养标准却很少，且远不如家鸡的细致。美国 NRC 1984 年提出了山鸡的饲养标准（表 5-3）；法国于 1978 年提出了本国山鸡的饲养标准（表 5-4）；日本和澳大利亚也制定了自己的山鸡营养需要量和饲养标准（表 5-5、表 5-6）；我国学者王峰等（1998）提出了中国山鸡各饲养阶段营养需要量推荐水平（表 5-7）。以上各国的山鸡饲养标准或营养需要量，均有各自的特点，对我国山鸡的科学饲养提供了宝贵资料，有较大使用或参考价值。

表 5-3　美国 NRC（1984）山鸡饲养标准

营 养 成 分	育雏期	育成期	种用期
代谢能/（兆焦/千克）	11.72	11.30	11.72
蛋白质/%	30.0	16.0	18.0
（甘氨酸＋丝氨酸）/%	1.8	1.0	—
赖氨酸/%	1.5	0.8	—
（蛋氨酸＋胱氨酸）/%	1.1	0.6	0.6
亚油酸/%	1.0	1.0	1.0
钙/%	1.0	0.7	2.5
有效磷/%	0.55	0.45	0.4
钠/%	0.15	0.15	0.15
氯/%	0.11	0.11	0.11
碘/（毫克/千克）	0.30	0.30	0.30
核黄素/（毫克/千克）	3.5	3.0	—
泛酸/（毫克/千克）	10.0	10.0	—
烟酸/（毫克/千克）	60.0	40.0	—
胆碱/（毫克/千克）	1500	1000	—

注：表中未列数值以火鸡需要值为标准。

表 5-4 法国 AEC（1978）山鸡饲养标准

营 养 成 分	育成山鸡		狩猎用种山鸡	
	0～6 周	6～12 周	12 周以后	产蛋期
代谢能/(兆焦/千克)	12.55	12.97	12.97	11.30
粗蛋白质/%	24	21	14	15
赖氨酸/%	1.50	1.10	0.80	0.68
蛋氨酸/%	0.60	0.50	0.35	0.34
(蛋氨酸＋胱氨酸)/%	1.05	0.90	0.70	0.61

表 5-5 日本山鸡营养需要水平　　　　　　　　%

饲 养 阶 段	粗蛋白质	粗脂肪	粗纤维	粗灰分
育雏期	25 以上	4 以上	4 以下	6 以下
中雏期	21	4	5	6
种山鸡非繁殖期	17	4	5	5
种山鸡繁殖期	20	4	3	7

表 5-6 澳大利亚山鸡饲养标准

营 养 成 分	0～4 周	5～9 周	10～16 周	种山鸡
代谢能/(兆焦/千克)	11.63	11.97	12.55	11.42
粗蛋白/%	28	24	18	18
粗脂肪/%	2.5	3	3	3
粗纤维/%	3	3	3	3
钙/%	1.1	1	0.87	3
磷/%	0.65	0.65	0.61	0.64
钠/%	0.2	0.2	0.2	0.2
蛋氨酸/%	0.56	0.47	0.36	0.36
赖氨酸/%	1.77	1.31	0.93	1.04
半胱氨酸/%	0.46	0.36	0.28	0.30

山鸡高效养殖技术一本通

表 5-7 中国山鸡各饲养阶段营养需要量推荐水平

营养素	饲养阶段				
	育雏期 (0～4周)	育成前期 (4～12周)	育成后期 (12周～出售)	种鸡休产期或后备种鸡	种鸡产蛋期
代谢能/(兆焦/千克)	12.13～12.55	12.55	12.55	12.13～12.55	12.13
粗蛋白质/%	26～27	22	16	17	22
赖氨酸/%	1.45	1.05	0.75	0.80	0.80
蛋氨酸/%	0.60	0.50	0.38	0.35	0.35
(蛋氨酸＋胱氨酸)/%	1.05	0.90	0.72	0.65	0.65
亚油酸/%	1.0	1.0	1.0	1.0	1.0
钙/%	1.3	1.0	1.0	1.0	2.5
磷/%	0.90	0.70	0.70	0.70	1.0
钠/%	0.15	0.15	0.15	0.15	0.15
氯/%	0.11	0.11	0.11	0.11	0.11
碘/(毫克/千克)	0.30	0.30	0.30	0.30	0.30
锌/(毫克/千克)	62	62	62	62	62
锰/(毫克/千克)	95	95	95	70	70
维生素A/(国际单位/千克)	15000	8000	8000	8000	20000
维生素D/(国际单位/千克)	2200	2200	2200	2200	4400
核黄素/(毫克/千克)	3.5	3.5	3.0	4.0	4.0
烟酸/(毫克/千克)	60	60	60	60	60
泛酸/(毫克/千克)	10	10	10	10	16
胆碱/(毫克/千克)	1500	1000	1000	1000	1000

二、日粮配合

（一）配合方法

山鸡一昼夜内所采食的各种饲料的总量称之为日粮。各种营养物质按一定数量及其相互比例配合在一起，才能能满足山鸡各种营养需要。

1. 手算法

现以0～4周龄山鸡的日粮为例，说明日粮配合的步骤。

第一步，先从饲养标准参考表（表5-7）中查出0～4周龄的山鸡主要营养需要：代谢能12.13～12.55兆焦/千克，粗蛋白质26%～27%，钙和磷为1.3%和0.9%。

第二步，选定饲料品种，参考第三节中各种饲料的用量和比例（重量比）初步配制日粮。

第三步，查饲料营养成分表（表5-1、表5-2）查出选定饲料的营养成分含量，计算日粮中代谢能、粗蛋白、钙、磷等营养物质的含量。计算方法如下表（表5-8）。

表5-8　山鸡0～4周龄日粮配方的计算

饲料种类	比例/%	代谢能/(兆焦/千克)	营养成分含量/%		
			粗蛋白质	钙	磷
玉米	47	13.35×0.47 =6.27	9.0×0.47 =4.23	0.03×0.47 =0.014	0.28×0.47 =0.132
麦麸	5.7	8.66×0.057 =0.49	16.0×0.057 =0.91	0.34×0.057 =0.019	1.05×0.057 =0.060
大豆饼	32	11.96×0.32 =3.83	43.0×0.32 =13.76	0.36×0.32= 0.115	0.74×0.32 =0.237
鱼粉	13	11.09×0.13 =1.44	60.8×0.13 =7.90	6.78×0.13 =0.881	3.59×0.13 =0.467
豆油	1	34.06×0.01 =0.34			
骨粉	1			30.71×0.01 =0.307	12.86×0.01 =0.129
食盐	0.3				
合计	100	12.37	26.80	1.34	1.03
标准需要量		12.13～13.25	26.0～27.0	1.30	0.90

计算日粮中其它营养物质含量，例如粗脂肪、粗纤维、氨基酸等计算方法同上。

第四步，将计算出来日粮中代谢能、粗蛋白质等营养成分的含量，与饲养标准比较，看是否接近标准，如不接近，再调整各种饲料的比例。表 5-9 的配方，经计算代谢能、粗蛋白质、钙和磷的含量基本符合标准，无需调整。

表 5-9　选用饲料的营养成分及其价格

饲料种类	玉　米	小麦粉	米　糠	豆　粕	鱼　粉
饲料编号	X_1	X_2	X_3	X_4	X_5
代谢能/(兆焦/千克)	13.35	13.89	11.38	10.33	11.09
粗蛋白/%	9.0	15.3	15.0	46.2	60.8
粗纤维/%	2.0	1.0	7.2	5.0	0.4
赖氨酸/%	0.24	0.29	0.89	2.59	4.20
饲料范围/%	>40	<26	<6	<20	<5
单价/(元/千克)	1.40	2.50	1.00	4.00	9.00

按饲养标准配合日粮时，还应计算微量元素和维生素的含量，但这样一一计算起来十分费事，在一般情况下，按使用说明加入适量的维生素、微量元素添加剂即可。如果喂青绿饲料，在日粮中加30%左右的青绿饲料就可以满足需要。

2. 电脑配合方法

由于日粮配合选用的饲料种类多，且满足多项营养指标要求，应用电子计算机是最为快捷的。采用电脑计算饲料配方，具有可输入的饲料品种多、约束条件全面、运算速度快、可靠性好、输出信息完备等特点。以设计山鸡产蛋期饲料配方为例，简述电脑配合日粮的方法。

第一步，选用以下种类饲料作为配合饲料的原料，各种原料饲料的营养成分和价格见表 5-9。

第二步，确定营养需要。配合饲料的营养需要应满足的条件：代谢能 11.72～12.60 兆焦/千克，粗蛋白 20.0%～22.0%，粗纤维 2.0%～5.0%，赖氨酸>0.66%，以上 5 种饲料占配合饲料的96%，还要做到配合饲料价格最低。另 4% 为骨粉、石粉及其它添加剂另行计算。

第三步，建立数学模型。依据山鸡所需营养成分量和在饲料原料的价格作为约束条件，得到线性函数，根据线性规划原理得到数学模型。

建立目标函数（配合饲料的成本为最低）：$S = 1.40X_1 + 2.50X_2 + 1.00X_3 + 4.00X_4 + 9.00X_5$

根据饲料标准及各原料的营养成分，配制 1000 千克配合饲料的约束方程（约束条件组）如下：

① $X_1 + X_2 + X_3 + X_4 + X_5 = 960$

② $13.35X_1 + 13.89X_2 + 11.38X_3 + 10.33X_4 + 11.09X_5 > 11720$

③ $13.35X_1 + 13.89X_2 + 11.38X_3 + 10.33X_4 + 11.09X_5 < 12000$

④ $9.0X_1 + 15.3X_2 + 15.0X_3 + 46.2X_4 + 60.8X_5 > 200$

⑤ $9.0X_1 + 15.3X_2 + 15.0X_3 + 46.2X_4 + 60.8X_5 < 220$

⑥ $2.0X_1 + 1.0X_2 + 7.2X_3 + 5.0X_4 + 0.4X_5 > 20$

⑦ $2.0X_1 + 1.0X_2 + 7.2X_3 + 5.0X_4 + 0.4X_5 < 50$

⑧ $0.24X_1 + 0.29X_2 + 0.89X_3 + 2.59X_4 + 4.20X_5 > 6.6$

⑨ $X_1 > 400$

⑩ $X_2 < 260$

⑪ $X_3 < 60$

⑫ $X_4 < 200$

⑬ $X_5 < 50$

方程①表示 5 种原料的总量；方程②和方程③表示对饲料含代谢能的要求；方程④和方程⑤表示对饲料含粗蛋白的要求；方程⑥和方程⑦表示对饲料含粗纤维的要求；方程⑧表示对饲料含赖氨酸的要求；方程⑨至方程⑬分别表示 5 种配合饲料原料的惯用比例范围。

第四步，编制程序求解。用单纯形法求解线性规划问题，编制程序的思想是，首先将饲料原料的品种和营养成分及所需营养成分均放在一个数据文件中。根据用户输入的饲料原料种类从数据文件中读取所需数据，依据饲养标准、原料成分、市场价格以及用量控制等信息，自动建立数学模型，求解运算，筛选出一组成本最低的最佳配方：玉米占 59.32%、小麦粉占 9.68%、米糠占 6%、豆粕占 20％、鱼粉占 5％。配方中代谢能 12.57 兆焦/千克、粗蛋白 20％、粗纤维 2.74％、赖氨酸 0.95％，各种营养符合需要。

（二）日粮配合的注意事项

日粮配合恰当与否关系到饲养效果和饲料成本的大问题，要想设计出优秀的饲料配方，至少应注意以下几个方面的问题。

① 配合日粮时以饲养标准为依据，日粮的营养愈接近标准愈能取得良好的饲养效果。但也不可生搬硬套饲养标准，应结合山鸡的生长发育状况、健康状况、产蛋情况和环境变化情况等做适当调整。

② 动物有依靠日粮能量浓度调节进食量的能力，若粗蛋白质含量固定不变，当采食量增加或减少时，可能造成蛋白质的浪费或不足。在配合日粮时，首先要确定适宜的能量水平，在此基础上按着蛋白能量比，确定相应的粗蛋白质含量。

③ 配合日粮时必须注意饲料的适口性，如果适口性差，即使在计算上符合营养需要，但是由于采食量减少，也不能满足山鸡的实际需要。要注意不喂给发霉变质的饲料。山鸡长期吃某种饲料，就会形成习惯，配制日粮的原料品种和配方应保持相对稳定，以保证其正常采食量。日粮中粗纤维含量不能超过 5％，才能适合山鸡消化生理特点。

④ 充分利用当地饲料资源，选择价格便宜的饲料配制日粮，达到即能满足山鸡的营养需要，又能降低日粮成本的目的。

⑤ 日粮配制过程中，原料的种类尽可能多一些，起到营养素的互补作用。特别是氨基酸的互补与平衡尤为重要，应最大限度地提高日粮的营养价值。

第六章 山鸡的饲养管理

第一节 生长发育特点与饲养阶段划分

一、生长发育特点

(一) 外部形态发育

山鸡外部形态的发育可以看出饲养管理的好坏。以河北亚种山鸡为例，描述正常的外部形态。刚出生的雏鸡，全身覆盖绒羽，呈棕黄色，从头至尾有一条 0.5～1.0 厘米宽的黑色背线，肋、腰的两侧有一条侧线，宽 0.5 厘米，嘴、脚均为粉白色；3 日龄翼羽生出，长约 2 毫米；5 日龄主翼羽 8 根，副翼羽 8～10 根，形如扫把，腹毛变成白色。

7 日龄翼羽长齐，肩部生出二层正羽；体长 (从头顶到尾根) 11 厘米，跗蹠长 2.5 厘米。

14 日龄肩部正羽长齐全，腹、腰两侧生出正羽，整体呈深褐色。近 2～3 日内育雏室内绒毛飞扬，如杨花柳絮，说明是换羽旺盛时期。体长 15～17 厘米，翅长 9～10 厘米，跗蹠长 3.2 厘米，喙长 1.2～1.4 厘米，尾羽长 1 厘米左右。

21 日龄，除头部外全身变为正羽，主翼羽 10 根，副翼羽 13 根，尾上覆羽形成，嘴、脚变成铅青色，公鸡长出距芽。体长 16～19 厘米，跗蹠长 3.6 厘米。

28 日龄，全身均覆盖正羽。体长 20～23 厘米，翅长 12～14 厘米，喙长 1.5 厘米，跗蹠长 4.5 厘米，尾羽长 4.5 厘米。

35 日龄，耳毛黑色盖住耳孔，第 1～3 根主翼羽第二次脱换，分别长出 2 厘米、1 厘米和 0.5 厘米。

42日龄，翼羽换了7～8根，颈基及肩第二次换羽。

49日龄，从羽色和距可辨识公母，翼羽第二次换完。

56日龄，背、腰开始第二次换羽。

63日龄背腰完成第二次换羽。

70日龄，尾羽第二次换羽，从两侧向中间脱换，长出1～2厘米。

77日龄，尾羽长4～5厘米，公鸡颈基出现一圈环形斑块状，胸羽铜红色，白色眼眉生出，眼圈渐红。母鸡胸羽黄褐色，眼圈灰白色。

15周龄第二次换羽全部完成。主翼羽10根，副翼羽13根，翅长超过10厘米，尾羽16根，尾羽长超过15厘米，颈环发育完整，非常醒目。

成年山鸡，公鸡体重1.3千克左右。眼圈绯红，繁殖季节发育成肉垂状，耳羽簇可立起。体长80厘米左右，喙长3厘米，翅长超20厘米，尾长30～40厘米，跗蹠长6～7厘米。母鸡约0.9千克，体长60厘米左右，翅长20厘米左右，尾长20～30厘米，跗蹠长4.5～5.5厘米。

（二）体重的生长发育

4周龄内是相对生长最快的时期，每周增重率在50％以上；第8～13周龄是绝对增重最多的时期，每周可增重90克左右；第14～18周龄以后生长变慢，周相对增重率不足10％；18周龄体重可达成年山鸡体重的85％以上，故此时作为商品鸡上市最经济合算。现将七彩山鸡和河北亚种山鸡雏鸡的体重增长结果列于表6-1、表6-2。

（三）体重监测与饲料消耗

任何的饲养管理阶段都要定时称量山鸡体重，了解其生长发育状况，检查饲养管理的科学性。至少每2周称重一次，一般是随机抽取饲养量的1％～5％，将称重的平均数与标准体重相比较，将低于标准

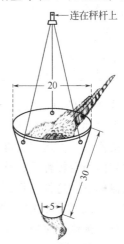

图6-1 简易称重器
（单位：厘米）

表 6-1　七彩山鸡雏鸡体重增长表

周　龄	0	1	2	3	4	5	6	7	8	9
平均体重/克	20	39	69	110	162	225	300	386	484	595
周增重/克		19	30	41	52	63	75	86	98	111
增重率/%		95.0	76.9	59.4	47.3	38.9	33.3	28.9	25.4	22.9

	周　龄	10	11	12	13	14	15	16	17	18	
公鸡	体重/克	841	971	1087	1190	1280	1358	1426	1484	1537	
	周增重/克	145	130	116	103	90	78	68	58	53	
	增重率/%	20.8	15.5	11.9	9.5	7.6	6.1	5.0	4.1	3.5	
母鸡	体重/克	597	689	771	844	908	964	1012	1053	1091	
	周增重/克	103	92	82	73	64	56	48	41	38	
	增重率/%	20.8	15.4	11.9	9.5	7.6	6.1	5.0	4.1	3.5	

表 6-2　河北亚种山鸡雏鸡体重增长表

周　龄	0	1	2	3	4	5	6	7	8	9
平均体重/克	18	34	57	88	132	191	264	346	438	541
周增重/克		16	23	31	44	59	73	82	92	103
增重率/%		88.9	67.6	54.4	50.0	44.7	38.2	31.1	26.6	23.5

	周　龄	10	11	12	13	14	15	16	17	18	
公鸡	体重/克	742	842	930	1009	1078	1139	1195	1246	1295	
	周增重/克	109	100	88	79	69	61	56	51	49	
	增重率/%	19.2	13.5	10.5	8.5	6.8	5.6	4.9	4.3	3.9	
母鸡	体重/克	530	602	665	722	771	815	855	892	927	
	周增重/克	81	72	63	57	49	44	40	37	35	
	增重率/%	18.0	13.6	10.5	8.6	6.8	5.6	4.9	4.3	3.9	

体重20%的山鸡单独组群，加强饲养管理，尽快提高其体重。七彩山鸡和河北亚种山鸡雏鸡体重发育标准分别见表6-1和表6-2。

为使称量工作迅速、准确，在称量幼雏时，可将幼雏装在小的尼龙网袋内用台秤称重；称量中雏、大雏或成龄鸡时可用自制的简易称重器称量。这种称重器是用普通盘秤改装的，就是将秤盘卸掉，安装一个圆锥形的铁皮筒（图6-1）。称鸡时，用手提起鸡的两腿，将鸡装到锥形筒内，头颈从小头露出，这种称重方法鸡不挣扎、不伤鸡、简便省事，称完后将鸡往地上一倒鸡就跑了。

山鸡生长发育与其饲料消耗有不可分割的关系。称量体重与统计饲料消耗同步进行。随着体重的增长，耗料量逐渐增加，每增加单位体重所消耗的饲料称为饲料效率（或称饲料转化率）。随着周龄的增长，饲料效率逐渐降低。1～18周龄的耗料标准和饲料效率标准见表6-3和表6-4。

表6-3　七彩山鸡雏鸡公母平均耗料标准　　　　　克

周　龄	周末体重	耗料量		饲料效率	
		本周	累计	本周	累计
1	39	42	42	2.21	2.21
2	69	67	109	2.23	2.22
3	110	94	203	2.29	2.26
4	162	124	327	2.38	2.30
5	225	158	485	2.50	2.37
6	300	197	682	2.63	2.44
7	386	238	920	2.77	2.51
8	484	290	1210	3.14	2.59
9	595	355	1565	3.20	2.71
10	719	441	2006	3.56	2.87
11	830	476	2482	4.25	3.06
12	929	504	2986	5.09	3.28
13	1017	525	3511	6.03	3.52
14	1094	546	4057	7.09	3.78
15	1161	560	4617	8.36	4.05
16	1219	567	5184	9.79	4.32
17	1269	574	5758	11.48	4.61
18	1314	581	6339	12.90	4.90

表6-4　河北亚种山鸡雏鸡公母平均耗料标准　　　　　克

周　龄	周末体重	耗料量		饲料效率	
		本周	累计	本周	累计
1	34	35	35	2.19	2.19
2	57	51	86	2.22	2.21
3	88	70	156	2.26	2.23
4	132	105	261	2.39	2.29
5	191	147	408	2.47	2.36
6	264	196	604	2.68	2.46
7	346	231	835	2.82	2.55

周　龄	周末体重	耗料量		饲料效率	
		本周	累计	本周	累计
8	438	273	1108	2.97	2.64
9	541	315	1423	3.06	2.72
10	636	343	1766	3.61	2.86
11	722	385	2151	4.48	3.06
12	798	420	2571	5.53	3.30
13	866	455	3026	6.69	3.57
14	925	483	3509	8.12	3.86
15	977	504	4013	9.69	4.18
16	1025	511	4524	10.65	4.49
17	1069	518	5042	11.77	4.80
18	1111	525	5567	12.50	5.09

成年山鸡体重相对恒定，耗料量也相对稳定，产蛋期由于生成蛋耗料量比平时要多一些。经测定成年七彩山鸡每只每日采食90克，年耗料量33千克左右，河北亚种山鸡每只每日采食80克，年耗料量29千克左右。

根据山鸡的饲料消耗标准和饲料效率标准，可以比较准确的计划饲料用量和检验是否有浪费饲料的现象。

二、饲养阶段的划分

（一）划分依据

为科学合理的饲养山鸡，要把山鸡的一生划分为若干个饲养阶段。主要是根据它们各个时间段的生物学特性和对营养、环境的要求，以及人们管理上的方便等诸多因素作为划分的依据，并按照不同的饲养阶段拟定相应的日粮和实施相应的管理措施。划分方法上各国不尽相同。

美国 NRC（1984）将山鸡饲养阶段划分为育雏期（0～6周龄）、肥育期（6～20周龄），将种山鸡划分为产蛋期和休产期。后来在生产实践中又将雏鸡阶段修改为育雏期（0～4周龄）、肥育前期（4～12周龄）、肥育后期（12周龄以后）。

法国 AEC（1978）将雏鸡的阶段分为 0～6 周龄、6～12 周龄和 12 周龄以后三个阶段。澳大利亚将雏鸡分为育雏期（0～4 周龄）、育成前期（5～9 周龄）、育成后期（10～16 周龄）。

我国将雏鸡划分为幼雏期（0～4 周龄）、中雏期（5～10 周龄）、大雏期（11～18 周龄）。

需要讨论的是育雏期到底是多长时间更合理些，首先应从幼雏的营养需要来考虑，有报道（Scott 等），头 2～3 周龄内的山鸡合适的日粮蛋白水平为 28%，3～5 周龄为 24% 就可满足其生长需要，如果育雏期为 6 周，日粮蛋白质供给水平为 26%，那么育雏前 3 周营养略感不足，后 3 周略感过剩，均不利于雏鸡的生长发育；第二从育雏期所需的温度来看，育雏至 3～4 周龄时就可以脱温，不必延迟到 6 周龄左右；第三从育雏室周转利用上看，育雏期为 4 周龄比 6 周龄时缩短了 2 周。综上所述，我国以 0～4 周龄为育雏期更为经济合理，也符合幼雏的生物学特性。

关于成年山鸡饲养阶段的划分，各个国家没有多大的区别。主要是根据它们生物学时期的行为特性和所需要的营养水平，划分为繁殖期（产蛋期）和繁殖静止期（休产期）。我国大多圈养山鸡，饲养工艺更加细致周到，因此将成年山鸡进一步划分为繁殖准备期、繁殖期、换羽期和越冬期。

（二）划分方法

1. 生长期的山鸡

① 幼雏期　又称为育雏期，为 0～4 周龄的山鸡。

② 中雏期　又称为育成前期，为 5～10 周龄的山鸡。

③ 大雏期　又称为育成后期，为 11～18 周龄的山鸡。

超过 18 周龄的当年山鸡可视为成年鸡。

2. 成年种山鸡

① 繁殖准备期　七彩山鸡 2 月中旬～4 月初；河北亚种山鸡 2 月初～4 月中旬。

② 繁殖期　又称产蛋期，七彩山鸡 4 月初～8 月份；河北亚种山鸡 4 月中旬～7 月份。

③ 换羽期　七彩山鸡 8～10 月份；河北亚种山鸡 7～10 月份。

④ 越冬期　七彩山鸡 11 月～翌年 2 月份；河北亚种山鸡 11月～翌年 2 月份。换羽期与越冬期统称繁殖静止期。

第二节　育雏期的饲养管理

一、育雏条件

1. 温度

刚出壳的雏山鸡，神经系统和生理机能还不健全，体温调节机能特别弱，难以适应外界温度的变化，尤其出壳后的头 5 天，雏鸡的体温低于成年鸡 1.5～2℃，10 日龄后才能达到成鸡的体温。Burchelt 和 Ringer（1973）的研究表明，山鸡雏能完全控制深部体温大约是在出生后 20 天。由于温度影响了雏鸡的体温调节，必然影响到采食、饮水和饲料的消化吸收等代谢活动。温度过低，雏鸡不愿活动，影响采食，严重时因怕冷而互相挤压致死，或发生感冒、下痢以致死亡；温度过高食欲减退，体质虚弱，也容易感冒或感染呼吸道疾病以及引起啄癖等。由此看出人工供给雏鸡适宜的温度是必需的。

育雏时采用的温度，随季节、育雏方法等略有差异。例如伞下平面育雏，在第 1～2 天时伞下温度 35℃，然后每周下降 2～3℃，直到伞温与室温相同时为止。伞下温度的衡量方法是将温度计挂在育雏伞的边缘，距离垫料 5 厘米的高度上，相当于雏鸡背部的高度。

育雏的成败，育雏室的温度也很重要。最初一周应在 24℃ 左右，以后逐降至与自然界温度大致相同为止。由于伞下与育雏室有一定温度差异，雏鸡可以按自身需要选择温度带。伞下平面育雏，其温度参考见表 6-5。其它平面育雏方法，例如炕育、箱育等，其温度变化均参考伞下平面育雏。

立体育雏，开始时以 35℃ 为准，笼内温度的变化是：1 周龄内每 2 天降低 1℃，至 1 周末温度为 32℃ 左右，第 2 周龄开始每 1 天降低 1℃，至第 3 周末为 20℃ 左右，第 4 周末为 15℃ 左右，这已经

表 6-5　山鸡伞下平面育雏的温度要求

雏　　龄	育雏伞温度/℃	室温/℃
1～2 天	35	25 降至 24
1 周龄	35 降至 32	25 降至 24
2 周龄	32 降至 29	24 降至 21
3 周龄	29 降至 27	21 降至 18
4 周龄	27 降至 20	18 降至 16

与外界自然温度无大的区别。笼内温度由笼壁的电热管供给，由控温仪控制电热管的温度。室温与平面育雏要求一样。中国农业科学院特产研究所山鸡场的立体育雏，供温方法是将整个育雏室温度用电加热器加热，使之升到育雏所需的温度，即育雏室温度相当于育雏笼的温度，育雏效果很好。

育雏温度的设定，还应根据气候变化、雏鸡的状态等做适当调整。如果外界温度过低时，或夜间雏鸡休息时应调高温度，弱雏比强雏所需的温度适当高一些。

温度是否合适，可由山鸡的行为动态观察出来。温度正常时，雏鸡精神活泼，食欲良好，饮水适量，羽毛光滑整齐，雏鸡均匀地散布在育雏器的周围。温度低时，雏鸡密集在一起，靠近热源，发出唧唧的叫声；温度高时，雏鸡远离热源，张口喘气，饮水量增加。

2. 湿度

雏鸡从相对湿度为 70％左右的出雏器中孵出，如果转入干燥的育雏室中，雏鸡体内水分随着呼吸而大量蒸发，蛋黄吸收不良，脚趾干瘪，羽毛生长缓慢。因此，育雏头 10 天育雏室内相对湿度应保持在 60％～65％，以人进入育雏室不感觉到干燥为宜，解决办法是将育雏室内放置水盘或适当洒水。10 日龄后，由于雏鸡体重增加，呼吸量和排粪量也增加，育雏室内容易潮湿，特别是垫料潮湿对雏鸡危害很大。因此务必加强通风，并及时清除粪便和擦干地上水分等方法降低湿度，使相对湿度在 55％～60％为宜。

3. 通风

通风的目的是排出室内的污浊空气，换进新鲜空气，并调节室内的温度和湿度。雏鸡代谢机能旺盛，单位体重呼出的二氧化碳的排放量比家畜高出 2 倍以上，排出的粪便中会产生大量的氨气和硫化氢，如不采取有效的通风措施，会严重影响雏鸡的健康，因此，在保证育雏室温度的前提下，通风愈畅愈好。通风和温湿度通常是矛盾的，若通风量过大，可能影响保温，若通风量过小，室内湿度会过大，空气质量差。通风量的大小以人进入室内无闷气感觉和不刺激鼻、眼为宜。在不使用通风机强力通风情况下，通过开窗、开门调节通风量。

4. 密度

密度是指育雏室内每平方米所容纳的雏鸡数。密度对于雏鸡的正常生长发育有很大影响。密度过大，发育不整齐，易感染疾病，发生啄肛、啄羽癖，死亡数也增加。如果采用立体育雏时，在育雏头 2 周一般控制在每平方米笼底面积 40～50 只，第 3 周龄开始减半疏散密度。如果采用平面育雏，育雏室内每平方米容纳 20～30 只为宜。在注意密度的同时，还要注意雏群的大小，群体大的后果与密度大的后果是一样的。立体笼育每个育雏笼视为一个群体，不存在群体过大的问题；平面育雏每个小群不应超过 500 只，假如同一批次鸡雏过多，可以分成若干个小群进行饲养。

5. 光照

育雏室窗户应宽大，房舍应坐北朝南，以使室内获得充足的阳光，提高雏鸡的生活力，刺激食欲，促进雏鸡的生长发育。阳光还可以杀菌，使室内干燥温暖。育雏最初 3 天除采取自然光照外，夜间还应补充一定的人工光照，使每日的光照时间达 16 小时。补充光照的目的主要是使采食和饮水的时间延长。但要求光照强度不要太大（约 10 勒克斯为宜），以免引起啄肛、啄羽癖的发生。育雏 3 天后不用人为增加光照，晚间喂完最后一次食后应关灯，使雏鸡安静休息或睡眠。

二、育雏前的准备

1. 拟定育雏计划

为获得满意的育雏效果，事先，要培训和确定育雏人员，拟定育雏计划。计划中应包括各批鸡雏的品种和数量，育雏的时间和方法，饲料和垫草的数量，免疫计划和预期达到的育雏成绩，具体的操作规程，育雏室周转计划，并将上述计划进行充分讨论和落实，然后要做好育雏室和育雏用具的准备工作。

2. 做好房舍和物资准备

不管采用那种育雏方法，至少在育雏前 10 天，将育雏用的房舍进行全面修缮，将房舍打扫干净，做到室内保温良好，干燥，光亮适度，有利于通风换气。育雏器的调温系统和料槽、饮水器等均应检修备足。准备好饲料、垫草、燃料和药品等。

3. 清洁与消毒

对育雏舍和育雏用的各种设备应彻底清洗与消毒，最好用高压水枪冲刷室内墙壁和地面。育雏室的墙壁还要用 10％生石灰乳刷白。最后将所有育雏用具放进育雏室内，按每立方米福尔马林溶液 15 毫升、高锰酸钾 7.5 克的用量进行熏蒸消毒，密闭 1～2 天，放出药味后备用。消毒后的育雏室应闲置 7～14 天后使用。

饲槽、饮水器用 2％～3％热的克辽林乳剂或 1％苛性钠溶液消毒，然后用水仔细冲洗干净，放在日光下晒干备用。

4. 试温

在接雏前 1～2 天要做好育雏室和育雏器的试温工作。调试温度时，应将室内东西南北中各个方位均挂上温度计，测定室内温度，使室内各部位的温差不应超过 ±2℃，衡量室内温度以离地面 1 米处的温度为准。

5. 初生雏的安置

雏鸡运到目的地，迅速搬到育雏室内，然后按体质强弱分群管理。如果强雏和弱雏混群饲养，往往造成弱雏的采食和饮水发生困难，导致其死亡率增高。将弱雏养育在育雏室内温度较高的地方，有利于卵黄的吸收。

三、育雏方式

（一）平面育雏

1. 更换垫料育雏

一般把雏鸡养在铺有垫料的地面上，垫料厚度 5 厘米，育雏期间要经常更换垫料，以保持室内清洁干燥。常用的育雏器主要有以下几种。

（1）伞形育雏器　伞形育雏器的热源主要用电热丝发热供暖。容鸡只数依育雏器热源面积而定，从400～1000只（表6-6）。育雏器的周围，用网眼20毫米×10毫米的铁丝网或护板围起来，围篱高度60厘米，防止雏鸡走得太远而受凉。围篱至伞的边缘60厘米左右。第3天开始逐渐扩大，经6～9天后即可撤去围篱。随着雏龄的增长，可逐渐提高伞的高度，达到逐渐降温和方便管理的目的。

表6-6　电热伞形育雏的容鸡只数

热源面积	伞高/厘米	容纳鸡数/只	
		2周龄内	3周龄后
100 厘米×100 厘米	50	400	200
130 厘米×130 厘米	60	500	250
150 厘米×150 厘米	70	600	300
200 厘米×200 厘米	80	1000	500

伞形育雏器育雏的优点为：可养育较多的幼雏；雏鸡可自由活动，选择适宜的温度；换气良好。缺点是垫料容易被弄脏，育雏室需有良好的保温条件，需要另设火炉或暖气管道升高育雏室的温度。

（2）红外线灯育雏器　利用红外线灯散发的热量供温，灯泡一般为250瓦，悬挂于地面40厘米高处，室温低时可降至30厘米。第二周起每周将灯提高10厘米左右。室内也应有升温设备。最初几天要用围板将雏鸡限制在灯泡下1.2米直径的范围内，以后逐渐扩大。每盏灯的保暖雏鸡数与室温有关（表6-7）。

表6-7　红外线灯（250瓦）育雏数

室温/℃	30	24	20	16	10
鸡数/只	120	100	90	80	70

用红外线灯育雏的优点同伞下育雏。缺点是耗电量大，灯泡易损耗，成本较高。灯泡因控温仪的工作，出现一闪一闪的现象，影响雏鸡采食与睡眠。

（3）烟道式育雏器 其原理是烧煤或其它燃料，使热气通过烟道借以升高室温。烟道分为火炕式烟道和火墙式烟道。火炕式烟道其炕面的上方应设置塑料薄膜保温棚，棚高 0.5～0.7 米，防止散热太快，可供雏鸡在棚内取暖，炕的边沿设置围网或围板，高度 0.5 米，防止雏鸡掉在地上。其优点是便于操作，散热慢，保温时间长，节省燃料，由于热量从下往上升，适合雏鸡伏卧休息。垫料干燥，球虫病等发病率低。火墙式烟道，应将火墙搭建在育雏室两边的墙壁上，借以提高整个育雏室温度，可保证育雏室各处热度均匀。

2. 厚垫料育雏

育雏室内的温度来自于育雏室的地面或墙壁，利用烟道或暖气加热均可。厚垫料法就是所用的垫料只加垫不清除，等到育雏结束后一次性清除。由于垫料发酵产热，可供雏鸡取暖。垫料内由于微生物的活动，可以产生维生素 B_{12} 供雏鸡食用；由于雏鸡经常扒翻垫料，可以增加其运动量，增加食欲和增强新陈代谢，促进其生长发育；可以降低因经常更换垫料带来的繁重劳动。

垫料可用轧碎的篙秆、刨花、木屑等。方法是将育雏室打扫清洁后，先撒上一层熟石灰，然后再铺上 5 厘米厚的垫料，育雏约二周后，再铺上一层新的垫料至 10 厘米，至育雏结束后一次清除垫料。

3. 网上育雏

就是将雏鸡养在离开地面 50～60 厘米高的铁丝网上（网眼 20 毫米×10 毫米）。加热方式有热水管、热气管或热风等。此法优点可以节省大量垫料，雏鸡不与粪便接触，可减少疾病的传播机会。由于雏鸡不与土壤接触，不能获得补充性的营养物质，因此要求日粮中微量元素、维生素等营养物质必须完全。由于网的下面有大量粪便堆积，只有育雏结束后才能一次性清除，容易产生氨气聚积，因此有良好的通风条件尤为重要。

（二）立体育雏（笼育）

立体育雏就是用若干层的育雏笼来养育雏鸡。育雏笼一般分3～4层，叠层式排列。笼内热源可用电热管供给，室温多用暖气或热风供暖。如果将整个室内温度都提高到育雏所需的温度，则省去育雏笼的局部加热设备。立体育雏比平面育雏更能有效地利用育雏室的空间和热能，还可以提高劳动生产率，卫生条件容易控制，雏鸡发育整齐。但是需要较大的设备投资，对营养和饲养管理技术要求较高。由于雏鸡固定在笼内活动，不可能自由地选择适温带，一旦笼内温度过高或过低，会使大量的雏鸡受到危害，这是必须注意的问题。

四、饲养管理技术

（一）饲养

1. 日粮

根据幼雏期能量和蛋白质需要均应较高的原则，按照我国山鸡的营养需要标准（表5-7）的要求，配制三种日粮（表6-8），可根据当地饲料条件任选其一。

表6-8　山鸡雏0～4周龄日粮配方

项　　目	配方 I	配方 II	配方 III
玉米/%	31	33	30
小麦粉/%	25	25	25
米糠/%	2	2	2
豆粕（CP46%）/%	29	10	29
花生饼/%	—	19	—
进口鱼粉/%	10	—	—
国产鱼粉/%	—	—	11
蚕蛹粉/%	—	8	—
动物油脂/%	1	1	1
石粉/%	0.6	0.6	0.8
骨粉/%	1	1	1
食盐/%	0.2	0.2	—
微量元素添加剂/%	0.1	0.1	0.1
维生素添加剂/%	0.1	0.1	0.1
代谢能/（兆焦/千克）	12.22	12.22	12.18
粗蛋白/%	26.4	26.3	26.3

表 6-8 中的配方Ⅰ适用于我国北方盛产大豆的饲料条件；配方Ⅱ适用于我国南方内陆省份的广大地区；配方Ⅲ适用于无进口鱼粉的条件下。

2. 饮水

雏鸡干毛后 12～24 小时（长途运输不要超过 36 小时）进行第一次饮水，叫做初饮。初饮过晚易使雏鸡造成失水和虚脱，影响以后的生长和成活。初饮时饮用与育雏室温度相同的水。也有人建议初饮时饮用 0.01% 的高锰酸钾水（水溶液呈淡的粉红色为度），可以起到清理胎粪的作用。也有人主张初饮时饮用 0.5% 的糖水（稍有甜味为度），可以起到恢复体能的作用。初饮后改换普通饮水，水温亦应与育雏室温度接近。此后必须保证饮水经常供应，自由饮用，随喝随有。平面育雏时每 100 只雏鸡备有 2 个 2 升的塔式饮水器，饮水器底盘高度应与雏鸡的背部相同。立体育雏因笼内活动面积小，可用 1 个 1 升的饮水器。

3. 开食

初饮后 1 小时左右即可开食（给雏鸡首次喂食）。如果开食过晚，会使雏鸡消耗体力，发生虚脱。开食用的饲料必须做到适口性好，营养丰富。日本材料报道，开食料用煮熟的鸡蛋黄，第 1～2 天 10 只鸡一个蛋黄；第 3 日龄后 10 只鸡 2 个蛋黄并掺入少量的幼雏期饲料。我国吉林省山鸡种鸡场的开食料是幼雏料中加入适量的鸡蛋，每 100 只鸡雏每天喂 6 个熟鸡蛋，一周后撤去熟鸡蛋。也有的山鸡场用玉米面加鸡蛋黄或熟鱼做开食料，其效果也很好。开食时将饲料撒在浅的平盘内或撒在垫纸上，多数雏鸡见到饲料都能去采食，也有的雏鸡不认识饲料，应将不认识饲料的雏鸡，抓起来放到正在采食的雏鸡中间去，训练它学习采食，经 2～3 次训练后，即可学会采食。

4. 饲喂

大多数山鸡场在育雏期主张饲喂湿粉料。喂湿粉料时，开食的第一天日喂三次，以后增加饲喂次数，2 周龄内日喂 6 次，从 5 点到 20 点每 3 小时喂一次，21 点熄灯，夜间令其安静休息和睡眠。2 周龄后每天喂 5 次即可。饲喂时间和饲喂次数一经确定就不要轻易变动。避免时饥时饱，引起消化不良。

一周龄后就要换成料槽喂食。平面育雏时，每只雏鸡所占料槽和水槽的长度分别为 3 厘米和 1 厘米。据此决定放置食槽和水槽的个数。立体育雏时，一周龄后雏鸡活动能力增强，垫在育雏笼底的纸常常被雏鸡叨碎，因此要安装接粪板，接粪板可以用薄铁皮、胶合板或纤维板制成。为使育雏笼内保持清洁干燥，要将饲槽和水槽挂在笼的外面供雏鸡使用。

在网上育雏和立体育雏的情况下，由于雏鸡不与土壤接触，吃不到砂粒，就应在饲料中加入 0.5%～1% 直径为 2 毫米左右的干净砂粒，供雏鸡自由采食。

5. 加强饲养卫生

每天要刷洗一次食槽和水槽；清除一次粪便，堆放到指定地点发酵处理。随时保证地面清洁卫生。立体育雏时，要有足够的接粪板，将接粪板每天冲刷一次，晒干备用。应将落在地上的饲料和饮水随时扫净和擦干。随时将落地雏拣到育雏笼内，经保持地面清洁，防止雏鸡受潮患病。

（二）管理

1. 建立管理制度

每天饲喂和饮水的时间和次数都要固定，制定清理粪便、打扫卫生的具体时间，每 2 小时记录一次育雏室的温、湿度，每天记录一次雏群状态及雏鸡死亡情况等。

2. 仔细观察雏群动态

经常检查雏鸡的精神、粪便和食欲。若精神活泼，粪便颜色正常，食欲旺盛即为正常。若发现异常，立即查明原因及时采取措施。平时还要保持育雏舍周围安静，防止噪声，因为突然的声响会使雏鸡惊恐不安，互相践踏、拥挤，容易压死鸡雏。

夜间应由饲养人员轮流值班。夜间外界气温偏低，值班人员应经常检查育雏室内的温度，将温度控制在正常范围之内；要观察雏鸡动态，发现雏群扎堆，就要适当提高室温，并将扎堆的雏群拨散。夜间雏鸡睡眠有互相依偎取暖习惯，只要是扎的堆不超过三层，就没有被压死的情况，可以不要动它。在夜间检查雏群状态时，应轻手轻脚，用手电光照明，这样对雏群的干扰小，防止惊群。

3. 及时疏散密度

随着雏鸡生长变大，原有的活动面积显得狭小，因此当雏鸡长到 2 周龄后，应减半疏散一次密度，防止因密度过大发生啄癖或造成发育不均匀等问题。

4. 适时断喙和断趾

当雏鸡发育到 4 周龄左右时，结合转群进行第一次断喙和断趾。断喙可有效地防止啄癖和减少饲料的浪费。可用专用的电动断喙器断喙（图 6-2）。专用的电动断喙器上有一个 0.4 厘米的小孔，将鸡喙插入小孔中，由一片热刀片（820℃）从上向下切，切除喙长的 1/3，然后在刀片上止血 3 秒即完成手术。用剪刀剪喙亦可，止血时可在电炉子上放一厚铁片，在铁片上烙烫止血。要注意铁片不能接触电炉丝上，防止触电。

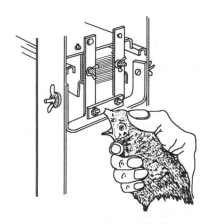

图 6-2　电动断喙器断喙

对留种公雏，用断趾器或剪刀断掉其内趾、后趾的趾甲，并充分止血。以防止配种时公鸡的爪刺伤母鸡的背部。

5. 防病灭病程序

山鸡雏消化器官容积很小，一旦发病就不思饮食，投药治疗，效果往往不好，定时做好预防性投药是控制幼雏疾病的最好办法。育雏的第3～6天饲料中拌入0.04％痢特灵，日喂2次；或饮用0.02％痢特灵水，连饮7天，可预防肠道细菌性感染和预防雏白痢。第8～12天用青霉素2000单位/只拌入饲料中，日喂2次，可以抑菌和防治球虫。第10日龄时进行鸡新城疫Ⅱ系苗或Ⅲ系苗饮水、滴鼻或喷雾免疫，饮水剂量为肌内注射量的2～4倍。第15～20天料中拌入0.05％的土霉素粉，可预防球虫、禽霍乱和细菌性肠炎的发生。

6. 做好离温工作

从幼雏转入中雏前几天应做好离温工作。离温要逐渐进行。开始时采取夜间给温白天停温的办法，经3～5天后雏鸡就会适应自然温度，达到离温的目的。离温期的室温以15℃左右为宜。如果春季外界温度较低，那么雏鸡离温的时间就延后一些，这时育雏时间就会超过4周龄；夏季外界温度升高，育雏期不足4周龄就可能离温，不管离温时间早与晚，离温时都要加强观察，防止因温度降低造成损失。

（三）幼雏的死亡与防制

1. 幼雏死亡原因分析

育雏期虽然时间很短，但死亡率高过任何饲养时期，是多种原因综合作用的结果。种蛋质量不佳或孵化技术不当，孵出的弱雏将在出生后8～10天内全部死亡。因遗传因素，雏鸡携带了致死基因或半致死基因，如先天性颤抖病、先天性麻痹症、瞎眼、肛闭或畸形等，出生后2周内会全部死亡。

育雏环境不良常常成为死亡的重要原因，育雏温度持续性的过低或过高，超过了雏鸡的耐受极限，或育雏温度忽高忽低等不良刺激，育雏室内通风不良、氨气或硫化氢气体浓度过高，或者雏鸡受到贼风侵袭，都可导致雏鸡死亡。

日粮配合不合理，长期缺乏必要的营养素，常见的有维生素D、钙、磷的缺乏，导致佝偻病的发生；日粮中缺乏硒元素或维生素E，造成肌肉褪色、机体出现渗出性素质或脑软化，将会在发病的 5～15 天内死亡；饲料中缺少维生素 B_2，使雏鸡发生卷爪、瘫痪症，最终因衰弱消瘦而死。

管理方面，例如密度过大，造成雏鸡啄癖致死的病例也是屡见不鲜；经常性的缺食断水、中毒性疾病、机械性损伤或受到害兽的侵袭等原因造成死亡的情况也很多。

引起死亡率最高的原因莫过于传染性疾病，例如鸡白痢、鸡伤寒、副伤寒以及一些传染性呼吸道病和传染性消化道病等，常常造成雏鸡大批死亡。

2. 幼雏死亡的防制

根据死亡原因，采取综合的防制措施。

第一，要检查种鸡、种蛋的质量。有些疾病是垂直传染的，例如鸡白痢、禽伤寒、禽结核等，可以通过蛋传播给雏鸡。有这些疾病的养殖场，对种鸡必须定期检疫，淘汰阳性鸡，直到全群净化为止。种鸡缺乏某种营养素，例如日粮中缺乏一些矿物质元素或某种维生素，这样的蛋，不但孵化率低，而且雏鸡一出壳时就出现一些营养缺乏症。对种蛋必须进行两次消毒，第一次是产蛋当天，第二次孵化之前，必要时还要做一次土霉素盐酸盐消毒。对于出壳时就站不起来或有先天性疾病的雏鸡均应淘汰，因为这些雏鸡无饲养价值。

第二，必须有良好的育雏环境。温度是育雏成败的第一要素，必须做到缓慢降温，第一周内每天降温幅度为 0.5℃ 左右，第二周龄后每天降温 1～2℃。湿度大，通风不良往往成为呼吸道疾病的诱因，因此育雏期间降低湿度和加强通风换气是始终必须注意的问题。恰当的饲养密度，安静的育雏环境也是提高育雏成活率的有效途径。

第三，雏鸡的饲料与饲养技术，也是影响其成活的重要因素。必须精心配制日粮，达到养分充足、全价、避免一些代谢性疾病的发生。每天饲喂次数和时间要固定，防止雏鸡时饥时饱，食槽和水槽放置数量要充足，保证所有雏鸡者能正常采食，平时注意观察鸡群动态，发现异常及时解决。

第四，饲养卫生对雏鸡影响不可忽视。育雏前，将育雏室及其饲养用具做全面彻底的大消毒，切断一切传染源。加强日常饲养卫生，每天都要清洗食槽、水槽，清除粪便，经常翻晒垫草。育雏期间做 2～3 次带鸡喷雾消毒等工作，都可有效地降低雏鸡死亡率。

第三节　育成期的饲养管理

一、中雏的饲养管理

（一）饲养

1. 饲料

中雏期饲料和幼雏期相比，日粮中蛋白质适当减少，达 22％ 左右即可，根据不同地区的饲料条件设计三个日粮配方（表 6-9），可任选其一。

表 6-9　山鸡中雏期（5～10 周龄）日粮配方

饲 料 品 种	配方 I	配方 II	配方 III
玉米/%	43	44	43
小麦粉/%	20	20	20
米糠/%	5	5	4
豆粕（CP46%）/%	25	10	10
花生饼/%	—	15	15
进口鱼粉/%	5	—	—
国产鱼粉/%	—	—	6
蚕蛹粉/%	—	4	—
石粉/%	0.5	0.5	0.8
骨粉/%	1	1	1
食盐/%	0.3	0.3	—
微量元素添加剂/%	0.1	0.1	0.1
维生素添加剂/%	0.1	0.1	0.1
代谢能/(兆焦/千克)	12.22	12.22	12.13
粗蛋白/%	22.2	22.2	22.3

2. 饲喂

中雏时期多采用湿喂法，日喂 4 次，每日的 5 时、9 时、13 时、17 时为喂食时间。用中等大小的木食槽饲喂。用中型塔式饮水器（6 升装）饮水。将食槽和饮水器的底部均垫上一层 5 厘米厚

山鸡高效养殖技术一本通

的砖，方便雏鸡采食和饮水。刚转入中雏网舍的雏鸡，喂食和饮水均在房舍内进行，10天后将食槽和饮水器搬到运动场内喂饮，遇到下雨天应将食槽拿到室内使用，防止饲料被雨水淋湿。食槽和水器放置的位置应分散和相对固定，每只鸡应有足够的采食饲料和饮水的空间位置，防止雏鸡采食和饮水时过于拥挤而发生啄啄。食槽和饮水器的设置数量见表6-10。平时还要加强饲养卫生管理，每天应清理一次食槽，饮水器每天应涮洗一次。特别是食槽附近散落的饲料，应及时清除出去，防止堆积发酵。按时清除粪便，对圈舍及其用具定期消毒。

表6-10　育成期山鸡应占食槽和水槽的长度

阶段	食槽情况			水槽情况		
	槽长	厘米/只	槽数/100只	规格	厘米/只	饮水器数/100只
中雏期	1米	4	2	塔式6升	1.5	2
大雏期	1.5米	6	2	盘式10升	2	2

（二）管理

1. 转群

雏鸡从育雏室转到中雏网舍的过程称为转群。转群前必须做好中雏网舍的接雏准备，首先要检查网舍的门窗、网壁是否严实，堵塞一切漏洞，还要进行一次灭鼠工作。应将房舍的地面清扫和冲刷干净，待干燥后铺上垫草，用3%的来苏尔或0.1%的菌毒敌消毒，闲置5～7天后使用。刚转入育成房舍的雏鸡，由于对新环境不熟悉，喜欢在墙角下集堆，使局部密度增大，特别是夜间，气候较凉，雏鸡扎堆取暖，极易造成压死事故。为此，在铺垫草时，应顺着山墙的墙角铺成坡形，坡度为30度左右，并将垫草踩实。因坡形的垫草使鸡脚站立不稳，这样即使雏鸡挤靠取暖时也不易起堆；踩实的垫草，雏鸡钻不到垫草下面，也会减少被压死的机会。

2. 驱赶驯化

对刚转入育成鸡舍的雏鸡，头一周内要把鸡舍门关好，养在房舍内，使它们能够认识水槽、料槽的位置，熟悉舍内的环境。夜间应有人值班，了解鸡群动态，如果发现雏鸡积堆，应将其拨开，防止压死雏鸡。一周以后，晴朗天气时把鸡赶到运动场内自由活动，夜间赶回房舍内休息。如遇雨天，在下雨前必须把鸡赶到房舍内，以免被雨淋死。这样经过舍内、舍外反复驱赶驯化，经2～3周即可形成条件反射，可以适应房舍内和运动场的环境，提高了抵御不良环境的能力。以后，不论白天黑夜、刮风下雨，房舍连通运动场的门均应打开，如遇风雨袭击，雏鸡就可以自动到房舍内躲避起来。

3. 日常管理

注意观察鸡群。早饲时是观察鸡群的最好时机，可以看到鸡群的精神、食欲等情况，对有病和不爱吃食的鸡要隔离喂养。注意粪便是否有异常变化，因为粪便异常往往是消化不良、传染病或寄生虫病的某些外在表现。

加强圈舍维护修理。中雏体小，抵抗力差，常常是山猫、黄鼬、野貂等害兽的侵袭对象，一旦圈舍发生损坏，它们就会钻进舍内咬死鸡雏。防范麻雀等小型野鸟钻入舍内传染一些疫病。另外山鸡雏平时在圈内经常飞行玩耍，特别是气压变化、暴风雨来临之前，就会成群地腾飞起来，一旦撞破网壁，就会逃飞。故平时加强对圈舍的检查、维修是非常必要的，不可马虎大意。

应有合适的饲养密度。密度过大易互相叨啄、发育不整齐、死亡率增高，中雏期每平方米舍内容鸡6只，如果将运动场包括在内每平方米容鸡2只，鸡群大小以300只左右为宜。

要保持稳定的生活环境。中雏胆小易惊，突然的声响，遇见生人等都可能引起惊群。为此要尽可能维持环境条件的相对稳定，饲养人员不要轻易更换，工作程序不要轻易变动，工作时动作要轻，尽量减少进出鸡舍的次数，进出鸡舍时要注意关门，防止跑鸡和串群。

4. 放飞

饲养狩猎型山鸡就是为了向狩猎场提供可以打猎用的山鸡。放飞的时间以生长到第6～7周龄时较为适宜。如果放飞过早，因其体小体弱，适应能力差，天敌较多，损失较大；放飞过晚，它对人

山鸡高效养殖技术一本通

的管理依赖性强，飞翔能力也差。当6～7周龄时，翼羽第二次换羽已经完成，具有较强的飞翔能力和较强的野外生活能力。

放飞到大自然后，并不等于让它自然生长，还应需要加强人工管理，狩猎场内应有良好的饮水条件，平时管理人员经常深入放飞场地，观察其生活状况，不断地将鸡轰赶起来，锻炼其飞翔能力，如果食水发生短缺时，应进行人工补充。补充食物时以粒料为宜，便于采食。到了十月份后便进入狩猎季节，可以进山狩猎，给游人以愉悦心身的感觉。

二、大雏的饲养管理

（一）饲养

1. 日粮

大雏阶段的日粮特点是粗蛋白水平较前一阶段应明显的降低，按照我国饲料条件，设计3个日粮配方（表6-11），可任选其一。

表6-11　山鸡大雏（11～18周龄）日粮配合

饲 料 品 种	配方Ⅰ	配方Ⅱ	配方Ⅲ
玉米/%	73	73	73
米糠/%	7	8	6
豆粕/%	14	8	19
花生饼/%	—	6	—
国产鱼粉/%	4	—	—
蚕蛹粉/%	—	3	—
石粉/%	0.8	0.5	0.4
骨粉/%	1	1	1
食盐/%	—	0.3	0.3
蛋氨酸(99%)/%	—	—	0.1
微量元素添加剂/%	0.1	0.1	0.1
维生素添加剂/%	0.1	0.1	0.1
代谢能/(兆焦/千克)	12.38	12.43	12.38
粗蛋白/%	16.1	16.4	16.3

2. 饲喂

如果喂湿粉料，日喂 4 次。如果喂干粉可以一天加一次饲料。由于喂干粉料时山鸡挑食，用喙将饲料连钩带甩，甚至用爪扒饲料，因此喂干粉料虽然省工省力，但是较湿粉料容易造成浪费。应将料槽和饮水器垫上两层砖（约 10 厘米高），便于大雏采食和饮水，饲槽用大雏料槽，饮水器用 10 升方盘式饮水器较好。每只鸡占料槽和饮水槽长度见表 6-10。每次填加饲料时，不要填的过满，填至槽的 1/2 的高度即可，这样亦可避免饲料浪费。出栏前 2 周左右应喂给无鱼粉日粮（表 6-11 中的配方Ⅲ），使肉内不含鱼粉的腥味。

（二）管理

1. 转群

中雏养到第 11 周龄时，转到大雏网室饲养。大雏网室如果距离中雏网舍较远可用运输箱运雏，距离较近时用麻袋背到大雏网室即可。因为第 11 周龄后正好是雏鸡的背、腰、尾进行第二次换羽的时期，换羽期长达 2 个月之久，刚露出的羽芽很嫩，最易被其它鸡啄食，严重时常常使背腰部的皮肤裸露变黑，迟迟长不出新羽，影响商品鸡外观质量。从中雏转到大雏时，应进行第二次断喙，这次断喙应断掉喙长 1/3 多一些，见到出血为度，并要严格止血。为充分止血，断喙前 2 天开始在饮水中加入维生素 K，剂量每只鸡每千克体重 8 毫克，防止断喙时出血过多。断喙的同时，将留种用公鸡的距甲也应断掉，防止配种时划破母鸡背部的皮肤。

2. 日常管理

雏鸡发育到第 11 周龄，从外表和羽毛上已经能够认出公母，公母鸡体重也有明显差别，公鸡体重比母鸡大 35%～40%。由于公鸡好斗，采食能力强，母鸡往往处于弱势地位。为了使鸡群均匀的发育，在转群的同时应将公母、强弱的鸡分别组群，每个群体 100～200 只。饲养密度每只鸡占 0.7～0.8 平方米。

经常检修网壁，不让其它动物钻入网室内，防止鸡群受到惊吓或咬死雏鸡。进出圈舍时要关好门，防止跑鸡或串群。遮雨棚下的垫草经常翻晒和添加。山鸡有扒坑、滚泥的习惯，应经常平整场地，除去碎石和大的砂粒，有利于山鸡沙浴。

3. 出栏

大雏养到第18周龄时已达成龄体重的87%，是出栏的最好时机，如果超过18周龄，因生长缓慢，出栏愈晚耗料愈多，获利愈低。因此从9月初开始一直到元旦期间就会有商品鸡一批接一批的出栏上市，特别是中秋节和元旦期间销售量较大，应抓住时机组织销售。如果生产量较大，短时间内难以售完，最好将多余的商品鸡及时屠宰、分割、冷冻待售，以节省饲料开支。

三、后备种鸡的饲养管理

1. 选种

所谓后备种鸡是指从第19周龄开始至翌年繁殖准备期的新种鸡。当山鸡发育到第18周龄后，大多数山鸡作为商品鸡出售或屠宰。与此同时挑选出做种用的山鸡，以备翌年繁殖之用。在挑选母鸡时，如果有系谱资料，选择亲代产蛋量高的留种，如果无系谱资料，就应该挑选中等体重的母鸡留种，因体重与产蛋量呈负相关，体重较大者产蛋量偏低。选择公鸡时以体重较大者为佳，因为后代体重与种公鸡体重呈正相关，有利于培育生长速度快、体重大的商品鸡。其它选种条件见第三章第二节。选出的后备种鸡必须公母鸡分开饲养，密度以每平方米1只左右为宜。

2. 饲养

饲养后备种鸡时，应注意不要使它们生长过快或成熟过早。为此应限制日粮的蛋白质水平，由于此时正值越冬季节，应适当提高日粮中的能量水平，日粮配方见表6-12。为考察限制饲养效果，每2~3周检查一下饲养膘情，检查方法主要是测量胸角的大小，合理的膘情胸角应为60度左右。

3. 管理

秋季应进行一次鸡新城免疫，免疫以饮水的方法简便易行。冬季最好转移到中雏网舍内饲养，舍内铺垫干燥的褥草，起到保温防寒的效果，下午在网室内撒些玉米粒，诱引鸡只啄食，可起到促进运动，提高抗寒能力的作用。

表 6-12　后备种鸡的日粮配合

饲 料 品 种	配方 Ⅰ	配方 Ⅱ	配方 Ⅲ
玉米/%	75	76	77
米糠/%	8	8	5
豆粕/%	12	6	8
花生饼/%	—	6	8
国产鱼粉/%	3	—	—
蚕蛹/%	—	2	—
石粉/%	0.8	0.5	0.4
骨粉/%	1	1	1
食盐/%	—	0.3	0.3
蛋氨酸(99%)/%	—	—	0.1
微量元素添加剂/%	0.1	0.1	0.1
维生素添加剂/%	0.1	0.1	0.1
代谢能/(兆焦/千克)	12.47	12.51	12.51
粗蛋白/%	15.0	15.0	15.2

第四节　种鸡的饲养管理

一、繁殖准备期的饲养管理

（一）饲养

　　阳春三月，气温回升较快，日照增长，山鸡性腺开始发育。为了促进发情和产蛋，此时期日粮中蛋白质水平应有所提高。但是也应注意营养水平不可过高，应适当控制种鸡的体重，不可使山鸡体重过大，体质肥胖，否则在繁殖季节易导致难产或脱肛，甚至导致产蛋高峰期变短或产蛋量减少。日粮中蛋白质水平达 17% 左右即可。设计以下三个日粮配方（见表 6-13）较为适用，可任选其一。

（二）管理

1. 圈舍的准备

　　要做好产蛋前的一切准备，例如全面检修鸡舍，防止跑鸡和一些害兽钻进网室内。将网室内地面挖除 5～10 厘米的表土，然后普遍垫上一层清洁干燥的河沙。当圈舍准备就绪后，还必须将网室做

表 6-13　山鸡繁殖准备期的日粮配合

饲 料 品 种	配方 I	配方 II	配方 III
玉米/%	71	72	70
米糠/%	6	7	6
豆粕/%	17	8	22
花生饼/%	—	8	—
国产鱼粉/%	4	—	—
蚕蛹粉/%	—	3	—
石粉/%	0.8	0.5	0.4
骨粉/%	1	1	1
食盐/%	—	0.3	0.3
蛋氨酸(99%)/%	—	—	0.1
微量元素添加剂/%	0.1	0.1	0.1
维生素添加剂/%	0.1	0.1	0.1
代谢能/(兆焦/千克)	12.26	12.38	12.26
粗蛋白/%	17.2	17.1	17.4

一次彻底的春季大消毒，预防传染病的发生。

2. 分群整群

一般情况下，河北亚种山鸡一般于 4 月中旬开始产蛋，而七彩山鸡于 3 月下旬就开始产蛋。应该在开产前 15 天左右进行分群整群。将种鸡分为配种群、后备种公鸡群、淘汰群。挑选第二性征明显、羽毛华丽、姿态雄伟的公鸡参加配种，将体重过大或过轻，眼、腿有残疾者转入淘汰群。小间配种的公鸡最好做精液品质检查，选择优秀家系的母鸡留种。如果大群配种应挑选体重中等或中等偏上的公、母鸡，最大体重不应超出平均体重的 10%，抽样数量公鸡抽样 20%，母鸡抽样 10% 左右。按公母为 1：4 的比例，组成若干个配种大群，配种的群体以 80～100 只为一群比较适宜，若群体过大，鸡只之间互相干扰，影响母鸡产蛋量和受精率。后备种公鸡群就是将多余的种公鸡单独组群饲养，倘若繁殖季节有的种公鸡配种能力下降时，从后备种公鸡群选出合格的种公鸡接替配种工作。淘汰群就是将不合乎种用的公母鸡单独组成群体，做商品鸡准备出售。小间配种是为了育种的需要，配种群大都以家系为单位组成若干个配种间。

春季气温转暖，各种病源菌开始滋生繁殖，是传染病高发期。因此，在分群整群的同时要进行鸡新城疫和禽霍乱春季防疫，应将疫苗或菌苗逐只注射，以确保免疫的实效性。在分群整群过程中要将所有母鸡修喙一次，防止叨蛋。公鸡不应修喙，因为公鸡的喙过短，配种时难以叼住母鸡头上的羽毛，往往使配种失败。

二、繁殖期的饲养管理

(一) 饲养

1. 日粮

当鸡群产下第一枚蛋时就应该投喂产蛋期日粮，投喂过早则浪费饲料；过晚影响产蛋量。实践证明，繁殖期日粮代谢能为11.9兆焦/千克左右，蛋白质水平为21％左右。考虑我国各地饲料条件不同，介绍三种日粮配方（表6-14）可供选择。由于在钙质的利用上公、母鸡的需要量不同，在使用表6-14配方时，还应另设石粉槽供母鸡自由采食，石粉的粒度应在2～4毫米之间，这样可以延长钙质在体内有存留时间。

表6-14　山鸡繁殖期的日粮配合

饲料品种	配方Ⅰ	配方Ⅱ	配方Ⅲ
玉米/％	43	44	42
小麦粉/％	20	20	20
米糠/％	5	5	5
豆粕/％	25	14	14
花生饼/％	—	10	10
进口鱼粉/％	3	—	—
国产鱼粉/％	—	—	5
蚕蛹粉/％	—	3	—
石粉/％	2.4	2.4	2.7
骨粉/％	1	1	1
食盐/％	0.3	0.3	0.3
微量元素添加剂/％	0.1	0.1	0.1
维生素添加剂/％	0.2	0.2	0.2
代谢能/(兆焦/千克)	12.00	11.97	11.88
粗蛋白/％	21.1	21.0	21.3

6月中旬以后气温升高，达30℃以上，山鸡食欲下降，采食量降低，产蛋高峰期已过，此时应适当降低日粮中能量和蛋白质水平，适当提高钙水平。这一时期日粮中代谢能应降为11.7兆焦/千克左右，蛋白质水平为19％左右，这就是所谓的"两阶段饲养法"。这段时间就要在表6-14的基础上，适当增加糠麸类饲料和石粉，适当减少饼粕类饲料。第二阶段饲料配方执行的时间，是在日产蛋率降到40％以下时，七彩山鸡开始于6月下旬，河北亚种山鸡开始于6月中旬。

2. 饲喂

在喂饲制度上，应与山鸡采食规律相适应。山鸡采食时间不固定，随时都可采食，叫做散食性动物。从天刚亮就开始采食，在日出后2时，日落前2时采食最活跃。日本材料报道，上午占摄入量的1/3，下午占2/3，主张下午3时给一次料就可以。我国饲养的比较细致，上、下午各给一次饲料。给料的时间还要错开产蛋高峰，试验证明上午9时至下午3时之间为高峰期，可达日产蛋率71.6％，为此饲喂时间应在上午9时之前和下午3时之后。炎热的季节饲喂时间还应向前延伸，因为早、晚气候凉爽，采食旺盛。

为了加快进食速度，喂给湿粉料要比喂干粉料好一些。在定钟点喂食的情况下，每次可有40％～60％的鸡争抢采食，5～6分钟就可吃饱。这些先采食者大多是体质强壮的，为使弱者也有均等的采食机会，食槽、水槽数量要充足，放置的地点要分散一些。将食槽、水槽要垫起10～15厘米，既方便采食，又减少饲料的浪费。

（二）管理

1. 创造安静的产蛋环境

繁殖期公鸡眼圈发红变大，呈肉垂状，母鸡眼圈也明显变红。此时山鸡精神状态非常敏感，外界环境一旦有异常变化，就会躁动不安。所以，饲养人员要穿着统一的工作服，不要经常更换衣服。饲养人员喂料和拣蛋动作要轻稳。谢绝外来人员在产蛋舍附近参观，在产蛋网舍周围不应有施工或车辆出入，因为各种噪声轻者会使母鸡产软皮蛋、肉斑蛋，重者会发生难产或受精率降低。更要防止猫、狗等动物在笼舍外边来回走动，这些动物是一种强烈的刺激，会使鸡群受到惊吓，乱飞乱撞，严重时会造成肢体伤残。此时期也不应调群，保持配种群体的相对稳定。因为抓一次鸡可影响3～5天的产蛋量。

2. 减少破蛋脏蛋

减少破蛋和脏蛋的最好方法就是搭建产蛋窝。按人舍母鸡计算，每只母鸡占产蛋窝的面积100～120平方厘米，产蛋窝内有黑暗、安静的环境，可有70%～80%的母鸡进入窝内产蛋。窝内的蛋上、下午各拣拾一次。发现窝外蛋应随时拣起，因为窝外蛋长时间暴露在外面，极易被弄脏或弄破。发现破蛋应立即将其清理出去，被污染的地面要垫上细沙，不让鸡尝到蛋的滋味，以免形成叼蛋癖。发现有叼蛋癖的鸡要将其拿出去，放在后备公鸡群中饲养。有人发现在产蛋舍里零星放一些假蛋，例如乒乓球，有叼蛋癖的鸡叼啄几次无效，久而久之就会忌掉叼蛋癖。必须注意有大量的鸡产生叼蛋癖，很可能是日粮中缺乏某种营养素或饲养密度过大，应区别情况加以解决。清理掉地上坚硬的物体如砖头瓦块、尖锐的砂粒等，防止这些杂物刺伤鸡的脚垫或者碰坏鸡蛋。

3. 日常管理

平时要加强饲养管理卫生，每隔2周对网室和产蛋窝消毒一次，每天打扫一次圈舍，将食槽边缘的落地饲料及时清除。经常平整被鸡扒出的坑，防止母鸡产蛋后将蛋埋住。注意观察鸡群动态，发现难产及时助产，发现瘦弱的鸡，抓出后单独饲养。出入舍关好圈，防止两圈的鸡混群，因为一旦混群，两群的公鸡就会打斗，后果相当严重。下大雨之前应将食槽搬到栖息棚下，防止被雨淋湿。鸡王有挠人、叼人的特性，往往干扰饲养员正常工作，饲养员可以拿着一根木棍，将其赶跑即可，且不可生追硬打，否则会使鸡王精神受挫，失去王位，这时鸡群还要斗架，产生新的王者，无疑会使鸡群混乱，影响母鸡产蛋和受精。炎热的夏季应做好防暑降温工作，大雨过后应及时排出舍内的积水。产蛋期山鸡密度不能过大，每只山鸡占地面积不应少于1～1.2平方米。

三、换羽期和越冬期的饲养管理

（一）饲养

山鸡群换羽是一个漫长的过程。母鸡从7月中旬开始，至8月初就有大量母鸡换羽，公鸡6月下旬有的就开始换羽。公鸡大量换羽期间（7月中旬），鸡群种蛋受精率明显下降，种蛋失去孵化意义，只能作为食用蛋。从旧羽脱落到新羽长齐一直到10月末才能完成。换羽可能与日照逐渐变短、气温变低有关。8月初执行换羽期日粮标准，日粮中粗蛋白水平达17%，降低钙水平，日粮配方同表6-13。为促进新羽再生，日粮中可适当降低鱼粉含量，添加适量的（1%～2%）羽毛粉。

11月份以后山鸡新换的羽毛已经丰满，具备较强的抗寒能力，于是进入了越冬期。此时期日粮中粗蛋白水平为15%左右，能量水平适当提高，达12.5兆焦/千克以上，日粮配方同表6-12。饲养过程中应将日粮中的玉米拿出一部分，以玉米粒的形式撒到圈舍内任其自由啄食。

越冬期日喂两次，上午喂干粉料，防止饲料冻结，下午撒布玉米粒，可以延长消化时间，有抗寒作用。

（二）管理

1. 调群

进入8月份是山鸡的换羽期，应进行种鸡的调群。组成新的种用群和淘汰群两个基本群体。不管哪种群体均应公母鸡分开饲养。商品性生产场继续留做种用的鸡数量较少，必须严格挑选，挑选那些换羽晚、体重中等偏上的健康鸡留种，大多数的山鸡进入淘汰群，做商品鸡出售。

2. 秋季防疫

秋季也是山鸡传染病易流行季节，山鸡调群结束后，应进行一次鸡新城疫接种免疫，用注射法和饮水法均可。禽霍乱病用药物预防，发现发病迹象应及时投药预防。对选出来的种用鸡普遍用药物驱除一次体内寄生虫。入冬前应将圈舍做一次秋季大消毒，预防—

些传染病的发生。

3. 冬季防寒保温

越冬期最好将种鸡移到空闲的中雏网舍，房舍内垫上充足的褥草。白天经常赶鸡到网室内活动。如果将种鸡留在种鸡网室内，必须将栖息棚内垫足褥草，网室的西面和北面立上玉米秸秆，起到挡风保温的作用。下雪后应及时消除积雪，以提高运动场的温度。

四、提高种蛋受精率的管理措施

1. 公母山鸡合群时间要适宜

因为公鸡比母鸡发情早半个月左右，若公、母鸡合群过早，母鸡尚未发情排卵，而公鸡强烈追抓母鸡，会导致母鸡惧怕公鸡，以后即使发情排卵也不愿接受交尾。若合群过晚，公鸡在较长时间内互相斗架，体力消耗大，等到母鸡开始产蛋时鸡群还未稳定下来，公鸡体力不能马上适应配种需要，最终降低其种蛋受精率。试验表明，左家山鸡和七彩山鸡适宜公母合群时间在清明前1周（3月25日左右）；而河北亚种山鸡则为清明后1周（4月10日左右）。

2. 公母配偶比例要适宜

根据中国农业科学院特产研究所山鸡场试验表明，山鸡公母配比保持在1∶（5~6）时种蛋受精率最高，其平均种蛋受精率可达90%以上。若公鸡比例过多，公鸡之间争偶斗架严重，鸡群很不安定，配种效果反而不好，导致受精率不高；若公鸡比例过少，易发生漏配，影响种蛋受精率。

3. 保护鸡王和设置隔板

公母鸡合群后，公鸡之间必然会强烈的争偶斗架称为拔王过程。当鸡群中确立了鸡王后，这个群就安定下来，不再强烈争斗。所以，在拔王时期应人为地帮助鸡王赶走其它公鸡，使之早拔王，早稳群。禽类行为学研究表明，繁殖期的等级序列比任何时期都明显，强者排在序列前面，弱者排在序列之尾。鸡王常常止制其它公鸡参加交配，所以，在圈舍内应该设置隔板。设置的方法：先在地面上砸进2根木桩，将大张石棉瓦横着立在木桩旁边，在石棉瓦上钻孔，用铁丝捆在木桩上，防止石棉瓦被风刮倒压伤山鸡，每100

平方米立 4～5 张（图 6-3）。这些隔板形成一个迷宫，这样可以遮挡鸡王的视线，使其它公鸡有躲避回旋余地和参加交配的机会，这样就能提高种蛋受精率。

图 6-3　隔板设置平面图

1—工具间；2—隔板及其木桩；

3—栖息棚；4—产蛋

4. 种公鸡一次投足，中间不替换

一开始按照公母比为 1∶4 的比例在母鸡群中放入种公鸡，配种过程中发现体弱或无配种能力者随时剔出去，但是不再补充新的公鸡，直到配种末期公母鸡比例仍可保证在 1∶6 左右。这种方法的好处是保持公鸡的相对稳定，而且公母鸡的配种比仍在容许范围内，减少因调群造成的斗架和伤亡现象。

5. 夏季遮荫和喷水降温

在产蛋后期，即 6 月下旬至 7 月下旬，天气炎热，影响公鸡的性活动，使受精率下降。这时期在网舍的顶上加盖苇席或其它遮阳材料，也可往网舍内地面喷水降温，都可以保持和提高种蛋的受精率。

第七章 疾病防治

第一节 疾病防治措施

一、卫生防疫措施

（一）搞好日常卫生管理

加强饲料和饮水的卫生管理。饲料室要严密、干燥、通风良好，应铺设水泥地面，防止鼠类进入。购买饲料时要把好质量关，严格检查饲料的品质与新鲜程度。在饲料贮存过程中，应经常检查饲料状态，不得有发霉变质或被污染的情况。通过饮水传播疾病的情况是经常发生的，搞好饮水卫生对防止山鸡的疾病感染有重要意义。做到饮水清洁、无污染，饮水用具要定期消毒。

山鸡舍应具有适宜的光照、温度、湿度和鸡群密度。山鸡舍、育雏室和运动场都要保持清洁干燥。粪便每天都要清除干净，放到指定地点堆积发酵处理；垫草要经常翻晒、更换；运动场的表土每年应更换一次，以减少土壤污染，同时又有利于消灭寄生虫卵；对病死的畜禽，应在专门的地点剖检，并在指定的地点做深埋或焚烧处理。

鸡舍要排水通畅，雨后运动场内不应积水。山鸡场和鸡舍的进出口都要设置消毒槽，放置石灰、火碱（5％～10％）溶液等消毒药物，冬季应加盐防冻。山鸡场周围应栽植树木，可以防风和调节小气候。

老鼠的危害是多方面的，不但能传播传染病，而且还咬死幼雏，咬坏塑料水管、电线等，造成生产事故。必须采取各种方法进行灭鼠，在进行毒饵灭鼠时还要十分注意人畜安全。苍蝇能传播人畜的多种传染病，必须搞好环境卫生，使苍蝇缺少繁殖滋生的环境。山鸡的寄生虫病不仅影响其生长发育，有些还常常导致山鸡死亡。因此，每年都要定期、适时进行驱虫。

（二）加强隔离与检疫

对新引进的山鸡必须经过严格的隔离和检疫，确定无疫病后方可转入生产群中饲养。山鸡场一旦发生传染病，应快速作出诊断，将阳性鸡隔离在偏僻的场所，由专人治疗和护理。当发生流行性猛烈、危害较大的传染病时，应及时上报疫情，划定疫区，设定标志，实行封锁。隔离观察、检疫的时间至少为一个月。从国外引进的山鸡，尤其应加强隔离观察和严格检疫，防止国外疫病传入国内。

对新购入的种蛋必须单独存放，孵化前进行严格的消毒。对孵出的雏鸡必须经过一段时间的隔离观察才能混入大群。

曾经发生过传染病的山鸡场，例如有的山鸡场曾发生过鸡白痢、禽结核等疫病，在短时间不易被清除干净，就要对这些疫病进行定期检疫，清除阳性鸡，逐步建立无疫病的种鸡群。

（三）严格执行消毒制度

1. 消毒的种类

① 定期消毒　为了预防疾病发生，对可能受病原体污染的物品进行消毒，达到预防传染病的目的。例如在每一批种蛋孵化前都要对种蛋、孵化器具进行消毒；育雏和转群前都要对育雏室、圈舍、运动场、垫草等进行消毒；饲养过程中定期对饲槽、水槽及饲养用具的定期消毒；定期对鸡舍、环境和鸡体的消毒等。

② 及时消毒　不定期的，随时随地的消毒称为及时性消毒。例如工作人员的衣帽消毒，进出场的笼具、车辆等物品的消毒；解剖动物或处理尸体的消毒；在发生传染病时，圈舍、病鸡的分泌物和排泄物的消毒；对可能污染的场所、用具、物品的消毒；引进种鸡或种蛋的消毒等。

③ 终末消毒　就是在病鸡解除隔离，痊愈或死亡后，或者在疫区解除封锁之前，为了消灭疫区内可能残留的病原体，进行全面彻底的大消毒。

2. 常用的消毒药

山鸡场用于消毒的药物很多，可以根据消毒对象的不同选择不同的消毒药。常用的消毒剂见表 7-1。

表 7-1　常用的消毒剂

消毒剂名称	使用浓度	使用对象	注意事项
火碱(苛性钠)	1%～3%溶液	鸡舍、用具、地面等	对一切病原微生物，效果均好，但对皮肤有腐蚀作用，鸡舍、用具消毒后 1 小时,应用清水冲洗后方可使用
生石灰	10%～20%乳剂或干粉	鸡舍、排泄物、脚踏消毒等	生石灰必须新鲜,如用 1%～2%火碱水和 5%～10%石灰乳混合使用,效果更好
来苏尔(煤酚皂液)	2%～5%溶液	鸡舍、器具、用具、洗手等	用于含大量蛋白质的分泌物或排泄物消毒用,效果不够好。
漂白粉	2%～5%溶液	鸡舍、用具、饮水、消毒等	含氯量应在 25%以上,新鲜配制其澄清液,对金属和衣物有腐蚀性,鸡舍消毒后应通风,以防中毒
福尔马林（含 40%甲醛）	5%～10%溶液	鸡舍、用具、孵化器、种蛋等	福尔马林消毒主要用熏蒸法,每立方米空间用福尔马林 15 毫升,高锰酸钾 6 克、水 20 毫升,放在瓷器内,密闭加温 30 分钟,即可达到消毒目的
新洁尔灭	0.1%溶液	种蛋、洗手等	用 5%新洁尔灭 20 毫升,加 25%亚硝酸钠 20 毫升,清水加至 1000 毫升即成,使用时不能接触肥皂、洗衣粉
石炭酸	3%～6%溶液	鸡舍、用具等	有腐蚀性,用后应用清水冲洗

（四）按时预防接种

1. 接种的分类

① 定期接种　在经常发生某些传染病的地区，或受到邻近地区某些传染病的威胁时，需要定期免疫接种。例如有可能发生鸡新城疫的地区就要进行鸡新城疫免疫接种。禽霍乱常发地区应春秋两季接种禽霍乱菌苗。还有鸡痘、禽马立克病、传染性喉气管炎常发

地区，也应定期接种疫苗预防本病的发生。

② 紧急接种　就是在发生传染病时，为了迅速控制和扑灭疫病的流行，面对疫区和受威胁区域的未发病的山鸡群，应进行紧急接种免疫。接种前对群体应详细检查，只能对无病的健康鸡接种，对可疑或已发病的鸡必须立即隔离，不能接种疫苗。

2. 接种注意事项

① 疫苗的稀释和注射的量要准确无误，应使用专用的接种器，每注射 1 只鸡换 1 个针头，操作应仔细认真。

② 疫苗使用前要充分振荡，使沉淀物混合均匀，接种时应将疫苗放于阴冷处，不能受阳光直接照射。稀释或溶化后的疫苗，应当天稀释当天用完。

③ 要按疫苗规定的方法进行免疫。使用口服的疫苗时，给苗前停止饮水 2～4 小时，使用的饮水器要清洁，疫苗放入饮水器后不能受阳光直接照射。

④ 绝大部分的疫苗都是活苗，而且能致病，应小心使用。接种后所用的容器、用具等应进行消毒，装疫苗的空瓶要深埋或烧毁，不得随意乱扔。

二、疾病的诊断与治疗

（一）诊断方法

1. 临床检查

首先向饲养管理人员了解饲养管理情况、发病情况和过程。包括发病时间、发病数量、发病年龄，是集中还是散发，是急性还是慢性，治疗是否有效，采用什么方法治疗过，用药的种类、剂量及方法，用药效果如何，是否接种过疫苗等。

然后要观察山鸡群体（见封二彩图）的状态，包括精神状态、体态、被毛是否有异常，有无不爱活动、头颈蜷缩、精神沉郁、眼睛无神等异常现象；观察山鸡营养状态、呼吸是否正常，有无鼻液、咳嗽，粪便是否异常，有无异食癖，有无啄羽现象等。

最后进行个体检查。检查病鸡的体温、脉搏、呼吸，检查可视黏膜是否正常。检查异常部位的光滑度、平整度或质地，从体表触摸来感知皮下肿物、结节等。用嗅觉来判断病山鸡的分泌物及排泄物的气味是否异常等。

2. 尸体剖检

尸体解剖检查要保证动物尸体新鲜，最好死后立即剖检，如放置时间较长，容易发生腐败，影响真实病变的检查。在解剖时应特别注意选好适宜的地点，防止污染扩散，解剖后尸体要深埋、焚烧或消毒。

剖检前，首先对尸体的羽毛、营养状况、体表器官作详细观察。体表检查后，用水将羽毛充分浸湿，将尸体放在塑料布上剖检，检查皮下组织、肌肉有无水肿、出血及肌肉变性坏死等变化。观察内脏器官位置、颜色、有无肿胀、充血、出血及渗出等变化。对心、肝、脾、肺、肾、腺胃、肌胃、肠管、胰脏及生殖器官等均应仔细检查。对各脏器详细检查后，再对口腔、鼻腔、喉、气管切开检查。尸体检查时要及时、准确地做好记录。

3. 实验室检查

主要包括细菌检查、病毒检查、寄生虫检查、毒物检查及血清学检查。

怀疑细菌性或其它传染病时，应在无菌条件下采集病死鸡的肝、脾、心等组织或心血凝块，放在经水煮过灭菌的青霉素、链霉素瓶内，及时送到兽医检验部门。亦可送检病鸡或病死鸡，由检验人员直接采病料作病原检查。

怀疑饲料或药物中毒时，可取少量现用饲料及胃内容物，装在干净塑料袋或玻璃瓶内送到化验部门作毒物分析。

血清学检测，由山鸡翅膀根内侧静脉采血，将采集的血液注入干净的小试管或青、链霉素瓶内，室温下静置6～10小时，使血清自然析出，也可待血凝后立即送到兽医检验部门。

（二）治疗方法

1. 注射法

大多采用肌内注射、嗉囊注射和静脉注射。肌内注射时多在胸肌和小腿肌群注射。注射时要由一人保定，握住腿下部，注射部位朝着注射者，使皮肤暴露出来。注射部位用酒精消毒，然后用45度角把针头刺入肌肉内1～2厘米深，推入药液。嗉囊注射就是把针头直接刺入嗉囊，把药液注入嗉囊内。静脉注射方法是助手用左手保定，使其脊部朝下，右手拉开翅膀，使腹面朝上。注射者左手压住翼下静脉的向心端，使血管充血，然后将盛有药液注射器的针头刺入静脉内，见有血回流，放开左手，把药液缓缓注入。

2. 个体给药法

若为水剂，将药液用滴管滴入喙内，让其自由咽下。方法为助手将山鸡保定，术者以左手拇指和食指捏住头部，并压头使稍向上向外侧倒下，喙即张开，用右手持滴管将药液滴入喙内，使其咽下。若为片剂，可将药片分成黄豆大的小块，塞进喙里，随后用滴管滴一滴水，帮助咽下。粉状药物可加少量水与赋形剂，和成丸状，采用片剂给药法进行；也可混入少量水中，采用水剂投药法。

3. 大群给药法

将片剂和粉剂给药量的一半混入饮水里；另一半拌在1/4的饲料中，拌匀后，再拌入全部饲料，让其自由采食。所给的饲料及饮水要少，使山鸡能一次吃完喝净。给药后，充分供给饮水。水剂：把所给的药量一半拌在饲料里，一半混在饮水里，投药的饮水器以搪瓷制品为宜。目前塑料饮水器较多，可能与某些药物发生变化而降低药效或产生毒性，应注意。

第二节 病毒性传染病及其防治

一、鸡新城疫

鸡新城疫是一种急性、高度传染性和致死性的传染病。其病原体是一种滤过性病毒。家鸡、山鸡、鹌鹑、火鸡、鹧鸪、鸵鸟等均易感本病。本病流行于世界各地，在亚洲地区分布广泛，所以又称亚洲鸡瘟。

（1）流行特点 一年四季均可发生本病，尤其春秋两季多发。消化道及呼吸道是本病自然感染的主要途径。病毒也可以通过眼结膜、泄殖腔和损伤的皮肤进入体内。凡被污染的饲料、饮水、土壤、用具和未经消毒的病鸡舍、鸡笼、带毒的飞沫、尘埃等都可传播本病。从外地购入病鸡是本病暴发的主要原因，另外，鸟类如麻雀、鸽子等也能传播本病。

（2）临床症状　最急性型突然暴发，突然死亡，看不出病状来，有的鸡正在产蛋就突然死在产蛋窝中。病程稍长者精神委顿，不思饮食，羽毛松乱，极度衰弱，母鸡停止产蛋。病鸡头部常常发生水肿，特别是眼睛周围比较明显，眼圈呈红黑色，结膜红肿，眼睑紧闭，由于喉都发生水肿，病鸡表现呼吸困难，甚至张嘴喘气并发出"呕呕"的叫声。鼻口常流出灰白色的黏液。个别病鸡伴有神经症状，表现为曲颈或打转运动等。病鸡体温升高达 43～44℃，以后又逐渐下降，衰竭而死，其死亡率可达 95％～100％。

（3）剖检变化　典型病变主要在消化道，腺胃有出血点和瘀斑，肌胃底部和十二指肠有程度不同的出血点和瘀斑，各段肠管黏膜广泛性出血、充血并伴有溃疡灶。腹内脂肪、胸部肌肉和心脏冠状脂肪也有较明显的小出血点。有呼吸道症状的病鸡气管黏膜明显出血及水肿。非典型的可见鼻腔、喉头和气管内积存有浆液性渗出物，个别病例心包有积液或充血。

（4）诊断　从流行情况看，速度很快，突然死亡，死亡率甚高。从临床症状看，病鸡眼圈呈红黑色，结膜肿胀，呼吸困难，病鸡体温升高。从解剖症状看病鸡腺胃有出血点和瘀斑，心脏冠状脂肪带上有明显出血点，但肝、脾、肺变化不大等症状即可作出诊断，血清学诊断可确诊本病。

血清学诊断：分离病毒最常用病料是脾、脑、肺。将待检病料制成 1：（5～10）的乳剂，每毫升乳剂加青霉素、链霉素各 1000单位，置冰箱中作用后取 0.1～0.2 毫升，注射于 9～10 日龄的鸡胚绒毛尿囊腔内，孵育观察 96 小时。鸡胚于 48～72 小时死亡，则证明病料中有新城疫病毒。然后取胚液做红细胞凝集试验，如凝集鸡的红细胞，则表明有病毒存在。再做红细胞凝集抑制试验，以确定是否系鸡新城疫病毒。

（5）防治措施　目前对新城疫病尚无有效疗法。必须采取综合防制措施，消灭它的发生和流行。每年定期开展鸡新城疫疫苗接种。因目前尚无山鸡专用的新城疫疫苗，用家鸡的新城疫疫苗替代完全可以，成年鸡接种Ⅰ系苗，按 1∶1000 倍稀释，肌内注射 0.3～0.5 毫升可收到良好的免疫效果。青年鸡在 90～120 日龄时，注射Ⅰ系疫苗，按 1∶2000 倍稀释，剂量 0.5 毫升。鸡雏在 10～20 日龄时，可用鸡新城疫Ⅱ系疫苗 1∶10 倍稀释，用 1 毫升注射器往雏鸡鼻孔和眼内各滴 1 滴稀释后的疫苗即可。对新买进的种鸡必须单独饲养，隔离观察，同时进行鸡新城疫疫苗接种，接种后 7～10 天，证明无病后方可合群饲养。山鸡场一旦发生鸡新城疫后，对鸡群要隔离，封锁，防止疫情扩大。对死鸡要深埋或烧掉。应进行紧急预防接种，接种 7～10 天再无此病发生后，进行全面彻底大消毒，之后方可解除封锁。

二、禽痘

禽痘是中年或成年山鸡易患的一种急性、接触性传染病。易感动物有家鸭、山鸡、火鸡、鸵鸟、鹌鹑等。该病几乎全世界各国都有流行，可以发生在任何季节，但秋、冬发病率较高。病原体是一种痘病毒。

（1）流行特点　病鸡与健康鸡直接接触，或者病鸡脱落的痘痂或痂膜污染了饲料、饮水、饲槽、饮水器等都可造成传染。皮肤和黏膜的损伤是本病主要感染途径。吸血昆虫，如蚊等及体表寄生虫也可以传播。多雨季节及饲养管理不当等情况可促使发病。

（2）临床症状　禽痘的潜伏期为 4～9 天，可分为三种类型。

① 皮肤型　病鸡眼圈、耳等无毛处首先发疹，开始为高粱粒大到豆粒大的灰白色水泡，最后形成痂皮，突出皮肤表面。这时山鸡食欲减退、精神委顿、体质衰弱。痂皮经 3～4 周便逐渐脱落，留下一个光滑的灰白色的疤痕。

② 黏膜型　又称白喉型，首先可见口腔和咽喉黏膜上生成一种黄白色的小结节，稍突出于黏膜表面。之后小结节迅速增大并互相融合在一起，形成一层黄白色的假膜覆盖在黏膜上面，很像人的"白喉"。病鸡表现呼吸困难，打呼噜。如果将假膜剥掉，便露出一

个出血糜烂区。病鸡精神委顿，体重迅速减轻，并发生程度不同的病死现象。

③ 混合型　就是指皮肤和黏膜症状同时发生。患混合型鸡痘的病鸡死亡率比较高，可达50%左右。

（3）剖检变化　皮肤型痘症的病变如临床所见，即在病鸡皮肤上可见白色小病灶、痘疹、坏死性痘痂及痂皮膜落的疤痕等不同阶段的病理变化。

黏膜型痘症可见口腔、咽喉部甚至气管黏膜上出现溃疡，表面覆盖纤维素性坏死性伪膜。重者还可见到支气管、肺泡发生炎性病变。

（4）诊断　禽痘诊断比较容易，只要发现山鸡眼圈、脸、耳等无毛处有水泡和痂皮或者发现有白喉症状就可作出诊断。准确诊断，需要实验室检查。

① 鸡胚接种　将病料制成乳剂，经抗生素处理后，取0.2毫升接种于10日龄鸡胚绒毛尿囊膜内，3～5天出现特征性灰白色斑即为痘症病变。

② 动物接种试验　无菌取病料，磨碎后用生理盐水作1∶5稀释，划破接种3～5月龄家鸡冠或肉垂，经4～7天出现典型痘疹。

（5）防治措施　本病没有特效疗法，只能对症治疗以减轻病鸡的症状和防止其它并发症。每千克体重喂给0.05～0.07克的抗生素类药物或磺胺类药物。也可在患病处涂以碘酊、青霉素软膏等。如果喉部发痘，要用镊子或小刀将喉头处的干酪样物取出来。之后涂以碘甘油或碘酊。

预防禽痘的最好的方法是进行鸡痘疫苗接种。一般接种后3周可产生坚强的免疫力。接种时用清洁的蘸水笔尖蘸取疫苗，刺种在翅膀内侧无血管处的皮下，1月龄以内的刺一下，1月龄以上的刺两下。接种后一周如果接种处皮肤上产生痘症反应，这说明接种是成功的，是会产生免疫力。如果接种部位不见反应，必须重新接种。

如果鸡群已经发生禽痘，除对病鸡进行隔离，对死鸡要深埋或烧掉，并对鸡舍及所有用具进行彻底消毒，还要进行紧急接种。

三、马立克病

马立克病是家鸡、山鸡、火鸡、鹌鹑、鸭、鹅、鸽子等禽类比较常见的病毒性传染病。病原体是一种马立克病毒，在分类学上属于 B 群疱疹病毒，病毒在鸡体组织内是和细胞结合的。

（1）流行特点　本病传播方式很多，病毒可以通过空气传染，病鸡的分泌物、排泄物、病鸡的羽毛皮屑以及病鸡用过的垫草均可成为传染源，吸血昆虫如蚊子、虱、螨等也是传播本病的媒介。许多表面上不显症状的带毒鸡是鸡群中传染本病的主要来源。通常本病多出现 3～4 周龄的雏鸡群。

（2）临床症状　本病分为四种类型，即神经型、内脏型、眼型和皮肤型，有时可以混合发生。

神经型的主要特征是病鸡的运动发生障碍，一只脚或两只脚发生麻痹，步态不稳，病鸡不能行走，蹲伏在地上。当臂神经发生病变时，病鸡翅膀下垂；当颈部神经发生病变时，颈部麻痹而发生头下垂或歪脖子；当迷走神经发生病变时，病鸡则出现嗉囊麻痹，扩张或出现呼吸困难。神经型的马立克病病鸡有特殊的姿势，即一条腿伸向前方，另一条腿伸向后方。这是由于腿的单侧瘫痪所造成的。

眼型病鸡可能发生失明，出现同心球状或斑点状以至弥漫的灰白色，所以也有人把该病叫"青白眼病"。

除了神经性的症状之外，还可以见到全身性反应，比如严重的营养不良，进行性消瘦，贫血，食欲减退并经常有腹泻症状，特别是病程较长的病鸡，全身症状更为明显。

（3）剖检变化　最常发生病变的是腹腔神经丛、臂神经丛、坐骨神经丛和内脏大神经。病变的神经变肿大，有时比正常神经大 2～3 倍，呈灰白色或黄白色，神经发生水肿，好像在水中浸泡过一样。神经表面有时可以看到小的结节，使神经变得粗细不均，而病变的神经多数是一侧性的。

内脏型病鸡可能出现单个的或多个的淋巴性肿瘤病灶。肝脏、脾脏、肾脏和卵巢肿大非常明显，可比正常增大几倍，病变器官颜色变淡，可见有灰白色的肿瘤组织浸润在器官实质里面，整个器官的外观颜色有些像大理石的斑纹状。

皮肤型病鸡在皮肤上形成疥癣样，表面有淡褐色的结痂，有时在皮肤上可见到较大的肿瘤结节或硬结。

（4）诊断 马立克病的诊断，一般根据临床症状，如神经麻痹，特别是一腿向前伸，另一条腿向后伸的典型症状，以及根据眼球的虹膜褪色、瞳孔不整齐、变小、皮肤表面有硬结等并根据解剖症状即可作出诊断。确诊需要经实验室检查。

① 病毒检查 用以无菌处理的病禽肿瘤组织渗出液，接种鸡胚细胞或 4 日龄鸡胚的卵黄囊内，如有病毒，则出现特征性细胞病变及尿囊膜有痘斑。

② 血清学检查 采集病禽翅羽，取出羽髓并加到琼脂板外周被检孔内，中心孔加入已知阳性血清，37℃下观察 2～3 天，于外周孔与中心孔之间出现质密白线，即为阳性。

（5）防治措施 本病目前尚无特效疗法，不论抗生素类或磺胺类药物均无疗效。为防止本病发生，必须在雏鸡出壳后 24 小时进行马立克病疫苗接种，每只鸡雏注射 0.2 毫升。接种后可产生坚强的免疫力。同时，必须做到一旦发现鸡群中有马立克病鸡或可疑马立克病鸡要立即淘汰，最好深埋或烧毁，以彻底消灭本病的传染来源。按时进行药物驱虫、驱虱工作，特别要注意预防球虫病的发生，这也是预防马立克病的一个主要措施。

四、禽流感

禽流感又称欧洲鸡瘟，是由 A 型流感病毒引起的一种禽类急性、高度致死性传染病，以出现呼吸道症状、病程短及死亡率高为特征。目前该病已遍布世界许多国家，禽流感一旦发生，极难控制，危害极大，故被国际兽医局列为一类传染病。

（1）流行特点 山鸡、鹧鸪、火鸡、野鸭等均能感染发病。病禽和尸体为主要传染源，被病毒污染的禽舍、用具、饲料及饮水都能成为传染来源。该病主要通过消化道和创伤感染，经呼吸道或眼结膜也可感染。病禽蛋内可以带毒，致使出壳雏出现大批死亡。本病一般发病率高，死亡率低，但在高致病力毒株感染时，发病率和死亡率均可达100％。

（2）临床症状　潜伏期3～5天。本病症状因感染禽类的种别、年龄、并发感染及环境因素的差异而不同。呈快速急性暴发时，病禽未见任何症状即死亡。多数病禽在流行过程中出现呼吸道症状，如咳嗽、喷嚏、呼吸困难、流泪等，还可见到脸部发绀、坏死，脚鳞出现紫色出血斑。同时可能伴有下痢及神经症状等。急性流行时死亡率可高达70％～100％。病程一般为1～2天，有的暂短为几小时。

（3）剖检变化　病变主要在腺胃黏膜、肌胃角质膜下及十二指肠出血，肝、脾、肾、肺灰黄色坏死小灶，胸腿肌肉、胸骨内面及心冠脂肪有散在出血点。气囊、输卵管、心包或腹膜上常附有多量纤维素性渗出物。

（4）诊断　根据流行特点、临床症状和剖检变化可初步诊断，确诊则需进行病毒分离鉴定和血清学检验。

病毒分离鉴定：采集病禽肝、脾、肾等器官组织，制成10倍乳剂，经灭菌处理后，接种于9～11日龄鸡胚尿囊腔内，37℃培养4天，收获24小时以后死胚或存活胚的尿囊液和尿囊膜作血凝试验，阳性者用鸡新城疫抗血清作血凝抑制试验，排除鸡胚尿囊液中含有鸡新城疫病毒的可能，再用A型流感病毒阳性血清作琼扩试验定型。

（5）防治措施　预防和控制禽流感，一定要严防高致病性禽流感病毒从国外传入。严禁从禽流感疫区或污染区购进种禽和种卵，饲养的山鸡避免与野鸟接触，加强山鸡群检疫。本病一旦发生，应迅速作出诊断，并将珍禽场进行封锁，隔离消毒，对发病山鸡群进行扑杀和无害化处理，以彻底根除病源。

疫苗的应用并不广泛，因为禽流感的血清型较多，各血清型毒株间缺乏交叉免疫性，加之病原易发生变异，所以，我国目前尚不宜采用疫苗预防。况且免疫会干扰扑灭工作，也可能会诱发病毒的突变。

该病无有效疗法，捕杀病鸡是唯一有效的根除方法。

第三节　细菌性传染病及其防治

一、禽霍乱

禽霍乱是一种接触传播性疾病，各种禽类比如家鸡、山鸡、鸭、鹅和野禽如麻雀、鸽等都易感，因此，通称为禽霍乱。病原体是一种多杀性巴氏杆菌。

（1）流行特点　本病的发生常为散发性，本病的传染途径一般是消化道和呼吸道。就是通过摄食和饮水而感染；病禽排出的飞沫常带有病菌，被健康禽吸入后亦可造成感染。一年四季均可发生，以春秋两季多发。各种飞禽与山鸡的接触，特别是麻雀到处乱飞，常到山鸡舍吃料，很容易将病带给山鸡。病鸡的排泄物、分泌物污染了土壤、饲料、水、工具、房舍等均可成为传染源。

（2）临床症状　禽霍乱潜伏期4~9天，一般为7天。禽霍乱可以分为三种类型。

① 最急性型　一般发生在本病流行的开始阶段，比如从外地或市场上购入禽霍乱病鸡，第2天就能暴发本病，这时鸡群中有的鸡突然死亡，死亡的病鸡基本看不出明显的症状。

② 急性型　最急性型病鸡没有死亡便转入急性型，病鸡表现精神委顿，呼吸急促，有时张嘴呼吸并发出咯咯声。病鸡表现口渴，并从口腔和鼻孔中流出黏稠的混有泡沫的黏液。病鸡常排出黄色、灰白色或黄绿色稀便，眼圈发绀呈青紫色，体温升高到43~44℃，一般经1~3天死亡。

③ 慢性型　由急性型病鸡没有死亡而变为慢性型。也有些鸡从表面看是健康鸡，一旦遇到气候变化、饲养变化等不利因素，就显现禽霍乱症状而发生死亡。有些病鸡表现为水肿性关节炎症状，也有的病鸡歪脖子，还有些病鸡表现呼吸道症状。慢性型病鸡病程较长，可达数周或数月，也有的病鸡不死而成为带菌者。

（3）剖检变化　最急性型的病鸡剖检时常看不到明显的病理变化，有的病鸡仅能见到心脏冠状脂肪带上有散在的针尖大的出血点。

急性型病鸡死亡后剖检可见腹腔浆膜表面和脂肪有瘀斑和出血点，心脏、肌胃、肺和肠黏膜出血点也很明显，十二指肠有明显充血，肠内有厚而黏稠的黏液。肝脏肿大，质脆，呈棕色，肝脏表面有无数个针尖大到小粒大的灰白色坏死点。病程稍久，肝可呈绿色，这是禽霍乱的典型症状。心外膜有程度不同的出血，心脏冠状脂肪带上常有较明显的针尖大出血点，并有心包炎症状，心包内有较多量的淡黄色液体。

慢性型病鸡因细菌侵害部位不同，其剖检症状也有差异。当以呼吸道症状为主时，鼻腔和气管常有炎症渗出物。如细菌侵害关节，则在关节处可见有混浊或干酪样的渗出物。

（4）诊断　根据流行情况、临床症状和解剖症状，可以作出比较正确的诊断。本病鸡、鸭、鹅一起均可发病，这与鸡瘟的流行特点明显不同，确诊还需要进行细菌学检查。检查时，取病死鸡的肝、脾、心血管等触片染色或接种培养，镜检涂片可见革兰阴性、两端浓染的小杆菌。

（5）防治措施　巴氏杆菌病为条件性疾病，搞好鸡群的饲养管理工作，提高机体抵抗力，能对本病起到遏制作用。加强禽舍清洁卫生，及时清除粪便，对禽舍和环境定期消毒。一旦暴发本病，对病死的禽类必须进行深埋或烧掉，对其它禽类立即进行药物治疗。

在禽霍乱流行的地区，应该考虑进行菌苗接种。目前，预防禽霍乱的菌苗有多种，其中禽霍乱蜂胶菌苗效果好。对1月龄以上的山鸡肌内注射1毫升，一般接种后5～7天产生免疫力，免疫期6个月。

禽霍乱用药物治疗，有明显效果。每只鸡每天用青霉素5万单位，链霉素5万单位胸肌注射，次日即减少死亡，连注两天死亡停止。磺胺类药物如磺胺甲基嘧啶、磺胺二甲基嘧啶、长效磺胺，以每千克体重0.1～0.2克连喂2天，死亡显著减少，连喂3～5天基本得以控制。其它抗生素，如肌内注射氯霉素，以每千克体重20毫克，每日注一次，或金霉素以每千克体重40毫克注射效果也非常显著。

二、鸡白痢

所有种类家鸡、山鸡、火鸡均易感此病。其病原体是鸡白痢沙门菌，也称为白痢杆菌。

（1）流行特点　各种鸡类均可感染，幼龄鸡最易感，7～12日龄雏鸡多发，15日龄左右出现死亡高峰，3周龄以后发病减少。本病发生与饲养管理失当有关，天气骤变、大风降温、育雏温度过高或过低、雏鸡密度过大、通风不良、湿度过大或卫生条件差等均可诱发本病。带菌的鸡是传播本病的主要传染来源，其排泄物中含有多量的病菌，饲料、饮水、用具、房舍等被污染后即能传播本病。带菌鸡通过产蛋将病传给下一代是本病的特征。

（2）临床症状　在临床症状上，雏鸡和成鸡有明显的差异。

① 雏鸡　雏鸡发病后，传染速度较快，所以称为暴发性传染病。病雏体温升高、怕冷，并发出"叽叽"的叫声。病雏呼吸困难、翅膀下垂、两眼紧闭、不思饮食，最后因极度衰竭而死。病雏排黏稠白灰土样的稀便，稀便多粘在肛门周围的羽毛上。

② 成鸡　成鸡的临床症状不太明显，常成为隐性带菌者，有时排出青棕色稀便。也有急性或慢性发作的病鸡，表现为全身衰弱、精神委顿、食欲减退、体质消瘦，母鸡产卵减少或者完全停产，有的终生不产蛋，这是因为白痢杆菌侵害母鸡卵巢造成的。

（3）剖检变化　雏鸡肝脏肿大、充血，呈红棕色并有明显条纹，胆囊扩张，脾脏肿大、质脆，肾脏充血呈暗红色，肾小管和输尿管扩张，盲肠中含有一种白色的干酪样物，堵塞肠腔或成一小管状。病雏卵黄吸收不全，呈淡黄白色，弄破后呈黏油样。十二指肠肠壁肥厚，肠内充满稀薄的、黄白色的浆液性的稀便和气体。在肺脏、肝脏、心脏、盲肠、大肠以及肌胃上面常生成一种灰白色的坏死点或小结节，这种病灶也是鸡白痢的一个典型特征。

成年母鸡卵巢萎缩，呈淡青色，内容物变成油脂样或干酪样。有时因病变卵泡脱离而引起腹膜炎，造成腹腔内器官粘连。公鸡主要侵害睾丸，睾丸发生萎缩或肿大，精子根本不能产生，这样的公鸡失去配种能力。

（4）诊断　雏鸡白痢病诊断比较容易，发现雏鸡排白灰状稀便，并污染肛门周围羽毛，一般即是白痢病，但要与肠炎相区别。成鸡诊断比较困难，用白痢检疫（全血凝集试验）能检出白痢病鸡。

血清学检验：全血凝集试验和血清凝集试验是目前检验鸡白痢病的简便易行且又快速的方法，仅用一滴全血或血清与标准抗原混合后，可出现凝集反应者即判为阳性。

但白痢检疫不能作为诊断本病的唯一根据，只能作为参考，因为其它沙门菌病如伤寒、副伤寒等对白痢抗原也呈阳性反应。

（5）防治措施　每年春、秋两季对种鸡进行白痢检疫。发现阳性反应立即淘汰。对大群鸡的检查，以全血玻璃平板凝集法较普遍。操作过程：采血，加抗原，混匀，2分钟即可看到结果。出现凝集为阳性；不出现凝集为阴性；介于中间为疑似。

孵化前对种卵严格消毒，先用福尔马林熏蒸，之后再采用土霉素盐酸盐消毒法，虽然比较复杂，但效果良好。小雏出齐后，每只小雏滴鼻或口投青霉素1000单位。开食后进行药物预防。或0.02%的痢特灵水自由饮用，一直饮7天。同时从1日龄起每只雏鸡喂给1片氯霉素（粉碎成细面混于饲料中）连喂3天。从8日龄起（停饮痢特灵水）再喂3天同样剂量的氯霉素。从11日龄起再自由饮用0.02%的痢特灵水，连饮7天即可。其它药物如磺胺二甲基嘧啶以每千克体重0.07～0.1克拌料喂给，连喂5～7天停药3天为一疗程效果也较好。雏群中发现白痢病雏立即抓出烧掉，因为这样的病雏痊愈后也是一个带菌鸡。

三、禽结核

禽结核是由禽型分枝杆菌引起的一种慢性侵染性疾病。主要危害鸡类，而鸭、鹅等水禽不易感染。该病是危害山鸡最严重的疾病之一。

（1）流行特点　山鸡结核病主要是经过消化道传染，患病山鸡为主要传染源，污染的笼舍、食具、场地也是不可忽视的传染源，用患病山鸡产的蛋孵化出的鸡雏也能发生传播。山鸡对本病比家鸡和其它禽类都易感，该病不分性别，无季节性。感染山鸡群的发病率和死亡率伴随着月龄的增长而增加，有的山鸡场2～4月龄山鸡的死亡率高达60％。饲养管理不善、卫生条件差等都易诱导本病发生。

（2）临床症状　病程漫长、潜伏期不一，短者几天，长者数月。患病山鸡初期无明显症状，呈渐进性消瘦，随着病情的发展，饮食欲减少、精神不振、羽毛蓬乱无光泽、缺乏华丽感，不愿活动、经常蹲于阴暗处打瞌睡、离群孤立，外观腹围增大，一翅或双翅下垂，跛行以及产蛋率下降，最后因机体衰竭或肝破裂而死亡。

（3）剖检变化　患病山鸡尸体多数极度消瘦，龙骨突出似刀。肝脏在各脏器中病理变化最严重，肝多明显肿大，质地脆弱，呈棕红色或灰黄色，病变有针尖大到榛实大灰白色干酪样结节，较大的病灶突出于肝脏表面，有的融合存在，胆囊肿大，充满胆汁。脾肿大，病灶与肝脏相似，多数脾脏失去原来的形状。肠系膜淋巴结、小肠和大肠的浆膜下部都可见到大小不等的灰白色结节。严重的病例在心、肺、肾、卵巢和胸部肌肉都有病灶存在。

（4）诊断　根据流行病学和临床症状可初步诊断，确诊需进行细菌学检查、动物试验和血清学诊断。

① 细菌学检查　肝脏切面涂片，用姜-尼氏抗酸染色法染色，显微镜观察，可见红染的抗酸杆菌，杆菌纤细多形性。进而分离培养，培养基上出现粗糙、皱褶的或小而湿润且光滑的淡黄色或淡褐色、微隆起的菌落，随着培养时间的延长，菌落微隆起且呈黏液样，最后连结成片，形成菌苔。

② 动物试验　取病山鸡的细菌分离培养物，肌肉接种临床健康的山鸡，隔离饲养，45天左右迫杀，多数出现典型的结核病变，与自然感染病例相似，涂片染色镜检都有抗酸杆菌存在。

③ 血清学诊断　先做血清平板凝集试验，就是用禽结核平板凝集抗原与山鸡血清进行玻片凝集反应，病山鸡血清出现凝集现象，健康山鸡不出现凝集现象。进一步可以做琼脂扩散试验：将禽型结核杆菌抗原与山鸡血清作琼脂扩散试验，病山鸡血清出现明显的沉淀线，健康山鸡血清不出现沉淀线。

（5）防治措施　对不同的山鸡群采取不同的检疫方法和防治措施。

① 健康鸡群　每年定期进行两次检疫，4月份产蛋前检疫一次，10月份对成龄鸡和育成鸡检疫一次，淘汰阳性反应鸡，防止传染扩大。

② 疑似鸡群　间隔半个月连续检疫3次，淘汰阳性反应的鸡群，对笼舍等进行彻底消毒，阴性的鸡群按健康鸡群对待。

③ 病鸡群　应全部淘汰或反复多次进行检疫，淘汰阳性反应的鸡，直至无阳性反应鸡为止。

对污染的笼舍，其地面应挖除一定厚度的表土再回垫洁净的山坡沙或河沙，墙壁及用具用5％来苏尔、10％漂白粉、20％石灰乳冲洗，舍内密封用福尔马林熏蒸。必须采取上述综合防治措施，方可防止山鸡结核病的蔓延，建立起无结核山鸡场。

疫苗免疫：目前中国农业科学院特产研究所已成功研制出山鸡结核灭活疫苗，经免疫试验和现场应用，抗自然感染的保护率可达86.7％。用该疫苗免疫山鸡，成年山鸡每只0.4毫升，颈部皮下注射，免疫期可达半年。

治疗本病虽然可用链霉素、异烟肼等，但由于疗程长、费用大，无太大实用价值。

四、鸡伤寒

鸡伤寒是一种败血性疾病，呈急性或慢性经过。本病除家鸡易感外，其它禽类如火鸡、山鸡、珠鸡、孔雀、雏鸭、鹌鹑、松鸡等也有感染。其病原体是禽伤寒沙门菌。而鸭、鹅不易感染本病。

（1）流行特点　本病的传染来源主要是带菌鸡，也能通过产蛋，将病传给下一代。带菌病鸡的排泄物中带有多量的沙门菌，被污染的土壤、饲料、饮水和用具都能传染本病。不管年龄大小的山鸡均易感染本病。雏鸡感染是由于种蛋内带菌，在孵化过程中造成传染，也可能在育雏过程中接触病雏而发生感染。另外，各种飞禽如麻雀以及人员来回出入也能造成传染。

本病的传染途径主要是经消化道，眼结膜也可作为病菌的侵入途径。

（2）临床症状　本病潜伏期一般为 2～5 天。鸡感染本病后，呈现精神委顿、羽毛松乱、眼半闭，个别病鸡将头插于翅膀下。在急性病例中，脸部呈暗红色，而在亚急性病例中，脸部苍白和萎缩，病鸡排土黄绿色稀便，这种黄绿色的稀便常污染肛门周围的羽毛。病鸡食欲减退到完全消失，口渴，发热，病鸡体温升高，达 43～44℃，有的病鸡常在发病后第二天即死亡。流行 2～3 周以后死亡率逐渐减少，而变为慢性，这时病鸡体重减轻，贫血，产蛋母鸡停止产蛋。

（3）剖检变化　在急性病例中，常看不见明显症状，而病程较长的病例，肝脏和脾脏肿大、充血，肾脏红肿。亚急性和慢性阶段，肝脏明显肿大，呈棕色或青铜色。肝脏和心肌表面常有灰白色的小坏死点，并有心包炎。母鸡由于卵泡破裂常引起腹膜炎，卵泡发生出血，变形和变色。肠道有轻重不等的肠炎症状，肠内容物黏稠，含有多量胆汁。

（4）诊断　本病诊断不太容易，常和禽霍乱、鸡瘟等相混。但可根据流行情况、临床症状以及剖检症状作出初步诊断。确切诊断，必须分离和鉴定病原菌。

（5）防治措施　为防止本病的发生，应采取综合的防制措施。可通过全血凝集试验检出沙门菌阳性鸡，凡是阳性反应的立即淘汰。孵化前，对种蛋进行土霉素盐酸盐消毒。育雏开始后用药物进行预防。方法与白痢相同。

发现本病流行，注射青霉素和链霉素，连注 3～5 天为一疗程，效果较好的。如果流行开始，可以喂给氯霉素，每千克体重 0.2 克混于饲料中喂给。同时，饮用 0.04％的痢特灵水，3～5 天为一疗程，效果较好。

五、禽副伤寒

禽副伤寒是指除鸡白痢和鸡伤寒以外，由其它沙门菌所引起的一种禽类肠道传染性疾病。各种禽类与野鸟都能感染，山鸡亦属易感动物。病原体主要是鼠伤寒沙门菌。

（1）流行特点　本病在所有家禽和野禽中可互相传染。鼠类和苍蝇等都是本病的主要带菌者，在传播本病的过程中也是重要因素。禽副伤寒的传染方式和鸡伤寒相同，主要是通过消化道，随粪便排出的病原菌污染周围环境，从而传播疾病。另外，沾染在蛋表面的病菌能钻入蛋内，经孵化后使雏鸡染病。在孵化时病菌感染了孵化器和出雏器，亦可在雏鸡群中互相传播本病。

（2）临床症状　雏鸡以败血型为主，往往在孵出后不久，看不到明显症状就死亡，这多半是通过蛋的传播或在孵化器内感染造成的。一周龄以上的雏鸡，发病后表现精神委顿、怕冷、头和翅膀下垂、毛松乱、靠近热源、堆集在一起。食欲消失、口渴增加。病雏排出水样稀便，肛门周围常有沾污。有的病雏还表现有呼吸困难症状。一般病雏在2～4天内死亡。其死亡率可达80％。

成年鸡患病后，一般临床症状是下痢、衰弱、翅膀下垂、羽毛松乱，但大部分鸡能在短期内康复，其死亡率在10％左右。

（3）剖检变化　随鸡的年龄不同也有明显差异。雏鸡，最急性型的往往病变不显著，仅见肝脏肿大，胆囊扩张。病程稍长肝、脾发生瘀血和有出血性条纹，肝脏表面有针尖大灰白色坏死点，肾脏瘀血，常有心包炎症状，心包膜和心外膜发生粘连，心包液增多，呈黄色。小肠有出血性炎症变化，特别是十二指肠更为严重。盲肠扩张、肠内常有淡黄色干酪样物质堵塞。一周龄左右的雏鸡常有肺炎症状。

成鸡，急性病鸡常有出血性或坏死性肠炎。肝、脾、肾充血肿胀，有心包炎和腹膜炎，有的产蛋母鸡可见输卵管坏死，卵巢中有化脓和坏死灶。

（4）诊断　根据流行特点、临床症状和剖检变化可作出初步诊断。确诊必须应用实验室检查方法，分离和鉴定病原菌，才能作出确切诊断。

（5）防治措施　预防禽副伤寒，首先要加强鸡群的环境卫生工作，防止粪便污染饲料和饮水。饲具、用具、地面要定期消毒。

在孵化过程中，要注意种蛋和孵化器的消毒。在育雏过程中采取山鸡白痢病的预防方法效果很好。

对于雏鸡可用 0.02% 的痢特灵自由饮水，连饮 7 天。同时，饲料中加氯霉素，以每千克体重 0.1 克，连喂 3 天。青霉素、链霉素肌内注射，每天一次各 1 万单位，效果较好。也可将抗生素混于饮水中，任其自由饮用。

六、大肠杆菌病

山鸡大肠杆菌病是由大肠埃希杆菌的某些血清型引起的一种细菌性传染病。家鸡、山鸡、鸭、鹅等各种禽类均易感此病。

（1）流行特点　本病无明显季节性，幼禽常于气候多变季节发病，特别是 30 日龄左右禽感染率高，且常呈急性经过。成年鸡常呈慢性经过。本病主要由直接接触到污秽潮湿的禽舍而传播，但禽类相互接触并不传染，故是一种环境性疾病。本病的发生常与饲养管理不当及卫生条件差有关，如饲养密度过大的舍饲、通风换气不良、禽舍和笼具等不定期消毒、饲料突然更换、种卵被粪便污染而消毒不彻底等极易发生大肠杆菌病。存在于肠道、鼻腔、气囊或生殖道中的大肠杆菌可能成为感染潜在来源。

（2）临床症状　在多数情况下，只表现一般性的饮食欲减少至废绝，精神萎靡，发冷而喜拥挤在一起。经卵感染或孵化后感染则引起败血症，常在孵出后几天内大批急性死亡。呼吸器官感染症状，多发生于幼雏和中雏，主要表现呼吸困难，有湿啰音、甩鼻。出血性肠炎症状表现为鼻腔和口腔出血，病禽粪便呈黑色水样，长时间不愈。成年禽易发生关节滑膜炎、输卵管炎、腹膜炎等症。

（3）剖检变化　肠炎及下痢是最常见病变。有些病鸡还可见到气囊炎、心包炎和肝周围炎。成年鸡亦常见腹膜炎、输卵管炎及子宫感染。有的病鸡尚见大肠杆菌肉芽肿，在肠、肝、肺上生长花菜状的肿瘤样增生物。

（4）诊断　发病或死亡的山鸡若表现出明显典型的大肠杆菌感染临床症状和病变，可作出初步诊断。确诊需进行大肠杆菌的分离和血清定型。

细菌学诊断：一般从死亡鸡的病灶部位分离细菌。分离的细菌经纯培养后先做理化特性鉴定，然后用血清定型，从而鉴定其是否为常见致病菌型。动物感染试验，则用分离的纯培养物接种易感动物或本种动物，发生相应的临床症状和病理变化即可确诊。

（5）防治措施　平时应对饲养管理的各个环节采取严格的消毒措施，定期消毒禽舍场地及用具。入孵前的种蛋及孵化器要彻底消毒。在饮水和饲料中可定期添加抗生素类药物。

菌苗预防，效果很好，尤以本场分离的菌株制作灭活菌苗效果为佳。一般可采用颈背部皮下注射，1月龄以下0.5毫升，1月龄以上1毫升。一般在14～20日龄首免，18～20周龄时再免一次。

所有治疗方案需从环境、饲料以及饮水等卫生措施开始。发生下痢时，应用新霉素效果较好。每天每千克体重用10%的百病消10毫克，连用3天。用庆大霉素每千克体重0.5万～1万单位，日注2次。饲料中拌入0.1%～0.3%氯霉素原粉，连用3～5天，效果也很明显。

七、曲霉菌病

曲霉菌病是由真菌引起的多种禽类均易感的传染病，山鸡亦属易感动物。致病性的曲霉菌种类有许多，常见并且致病性最强的是烟曲霉菌，此外黄曲霉菌、黑曲霉菌、棕曲霉菌均是病原菌。

（1）流行特点　主要传染源是被污染的饲料和垫草。一年四季均可发生，但多发生于阴雨连绵的梅雨季节。大小鸡均能感染，但主要侵害1～20日龄的幼鸡，急性暴发造成大批死亡。在大群饲养，鸡舍地面潮湿、通风不良、拥挤的环境中，更易诱发本病。本病的传播途径是由于幼鸡吃了发霉饲料和吸入了霉菌孢子，经消化道和呼吸道感染。

（2）临床症状　幼鸡感染多呈急性经过，主要症状是精神沉郁，缩头闭目，体温升高，羽毛松乱，呼吸困难，气喘，摇头甩鼻并发出特殊的沙哑声音。部分山鸡表现共济失调和头颈、双翅麻痹等神经症状。后期表现颈扭曲，头后仰症状。急性病例病程2～4天死亡，病程一般2～4周，死亡率5%～20%。

（3）剖检变化　特征病变是肺和气囊发生坏死性结节。肺及气囊壁上出现大量针尖大至米粒大的黄白色结节。肺部呈局灶性或弥漫性肺炎，肝肿大呈土黄色，表面有灰白色结节。结节切开中央可见有层次结构的干酪样凝块。

（4）诊断　根据呼吸系统病变，结合流行特点，可作出初步诊断，确诊需进行实验室检查。

组织检验：取病死禽肝结节及肺部或气囊结节制成压片，低倍显微镜下可见到游离状态的、明亮的菌丝及散在的孢子。

病原菌分离鉴定：将病料经 37℃ 培养 24～36 小时，出现白色绒毛状菌落。培养 3 天后，可见有菌丝、孢子囊、单独的孢子或串珠状排列的分生小梗即可确诊。

（5）防治措施　主要是注意平时不喂发霉饲料，舍内保持干燥、清洁通风，垫草经常翻晒，避免饲槽和饮水器下面因过度潮湿而引起霉菌大量繁殖生长。育雏舍在进雏前，要用甲醛熏蒸消毒。食槽、饮水器、禽舍应定期消毒。

一旦发生本病，应彻底清除烧毁霉变的垫料，换上新鲜干燥的垫料。停喂发霉变质饲料。用 1∶1000 的百毒杀彻底消毒禽舍和设备，在保持舍温的情况下，加强通风。制菌霉素和硫酸铜同时应用，效果良好。饮水中加入 0.02％硫酸铜，让其自由饮用，连饮 5 天。制菌霉素 5000 单位/只，每天两次混入饲料内喂给，连用 6 天，并在饮水中加碘化钾，按每升水加7～10 克，任其饮用，连用 6 天。平时预防可用制菌霉素，每吨饲料加 50 克；亦可用硫酸铜每吨饲料加 1000 克，每月喂一周。

第四节　寄生虫病及其防治

一、鸡球虫病

本病分布很广，所有禽类几乎都能感染，山鸡也不例外。它是一种传染性强，死亡率较高的疾病。本病是由艾美尔属的多种球虫感染引起的。本病以 3 个月内的幼鸡最易感染。

（1）流行特点　球虫病主要危害 25～55 日龄的雏鸡，特别是在梅雨季节最易暴发本病。温暖潮湿的环境最有利于球虫卵囊的发育，所以7～8月份本病最易流行。球虫病的传染方式，主要是由于雏鸡吃到了球虫的孢子卵囊而发生感染。在普通的饲养管理条件下，病鸡的粪便污染饲料、饮水、房舍、地面、垫草等是本病的主要传染媒介。一切用具以及其它一些飞禽、苍蝇、甲虫等也可作为机械传播者。据研究发现，球虫卵囊在康复鸡的盲肠黏膜里可以生存7个月之久。因此，这种外表健康的带虫鸡也是传播球虫病的重要来源。

（2）临床症状　幼龄山鸡球虫病的临床症状比较明显，病鸡排出血便或肉丝样便。病鸡常常表现腹痛，发出唧唧的叫声。病鸡精神沉郁、食欲减退、羽毛松乱、嗉囊膨大柔软如橡皮球。病鸡体温升高、怕冷、常靠近热源或堆积在一起，病程稍长，病鸡表现瘦弱，鸡脸苍白贫血，最后由于食欲废绝而死。其死亡率可达30％～50％。慢性者多见于2～3月龄的青年山鸡，表现为消瘦，带有间歇性下痢，病程达数周至数月。

（3）剖检变化　因主要侵害盲肠和小肠，所以，盲肠和小肠有较严重的炎症变化，肠壁肿胀，两个盲肠充满多量的血液凝块、呈棕红色或暗红色。如果剪开盲肠，可见肠壁变厚，其内容物主要是血液或血凝块，也有的病例盲肠中有干酪样混有血液的坏死物。其它脏器变化不大。

（4）诊断　根据病鸡排出的便血便或肉丝样便，以及剖检发现盲肠的典形变化即可作出初步诊断。确诊需镜检肠内容物中的球虫卵囊。

采取少许肠内容物或肠黏膜刮取物，放在清洁的载玻片上，滴1～2滴甘油饱和盐水（等量混合液）调匀，加盖玻片镜检，见到中央有一深色圆形部分，周围透明，最外边有一双层壳膜，呈圆形或卵圆形，即为球虫卵囊。

（5）防治措施　潮湿是本病的诱因，育雏舍要干燥，鸡群密度要适中，给予营养全面的饲料，这对预防球虫病的发生是有益的。另外，球虫病主要通过被污染的饲料、饮水，地面、用具等传染，因此，搞好鸡舍的卫生，定期消毒尤为重要。在球虫病流行季节，应用药物预防，例如用呋喃唑酮粉、莫能霉素、杀球灵、青霉素、磺胺类药物均可，预防量应为治疗量的一半。免疫可用艾美尔球虫弱毒苗，用水稀释后拌入饲料中，在 6、7、8 日龄时喂服，免疫期可达 7 个月。用苗前后一周不得使用抗球虫药。

本病治疗药物较多，例如球痢灵。将此药与磷酸钙配成 25% 球痢灵粉混合物，以每千克 250～300 毫克的剂量拌入饲料，连用 3～5 天。每千克粉料拌入可爱丹 0.45 克，连喂 7 天。其次，青霉素效果很好，每只雏鸡每日 1000～2000 单位直接混在饲料中喂给，连喂 2～3 天。如果症状较重，每只雏鸡每日 3000～5000 单位，连喂 2～3 天即可治愈。以 0.02%～0.04% 的痢特灵自由饮水，也可收到良好效果，一般连饮 7 天为一个疗程。磺胺类药物，如磺胺甲基嘧啶、磺胺二甲基嘧啶、磺胺脒等也有一定的治疗效果。

二、盲肠肝炎

盲肠肝炎（黑头病）是一种急性、传染性原虫病。主要传染火鸡，但家鸡和山鸡也有感染。病鸡头部变为紫色或黑色。病原体是组织滴虫，所以本病又称组织滴虫病。

（1）流行特点　本病对幼鸡易感性较高，死亡率也最高。成年山鸡也感染，但一般为隐性经过，病情较轻。

本病的传染途径主要是消化道。病鸡排出的粪便中可能含有多量的异刺线虫卵，这种虫卵中常藏有组织滴虫的幼虫，当这些排泄物污染了饲料、饮水、鸡舍和运动场地面，被健康鸡采食后就会发生感染。另外，蚯蚓、蝇类、蟋蟀等昆虫也能机械带虫。本病发生的季节性不明显，但春、夏温暖潮湿季节发生较多。

卫生管理条件不好，鸡群过度拥挤，鸡舍、运动场不清洁，舍内通风换气不良，光线不足、饲料质量差是诱发本病的主要因素。

（2）临床症状　本病潜伏期为 15～21 天，病鸡表现精神委顿，食欲减退，羽毛松乱无光，翅膀下垂，身体蜷缩，嗜睡，下痢，病鸡排出硫黄色粪便，有时粪便呈淡绿色。严重病例粪便中有血液。多数病鸡头部皮肤呈紫蓝色或黑色，故称为"黑头病"，如不及时治疗，1～2 周即可死亡。

（3）剖检变化　本病主要危害盲肠和肝脏，一般一侧盲肠发生病变，也有两侧同时发病的。最急性病鸡剖检可见盲肠发生严重的出血性炎症，肠内含有血液，盲肠肿大，肠壁肥厚，肠内容物干燥秘结，变成干酪样的凝固栓子堵塞在肠内，如把这种栓子横断切开，可见切面呈同心层状，中心是黑红色的凝固血，外边包着灰白色或淡黄色的渗出物和坏死物。盲肠黏膜的发炎和溃疡可穿透肠壁而引起腹膜炎和死亡。

肝脏病变很典型，整个肝脏肿大，肝脏表面有圆形或不规则的、稍有下陷的溃疡病灶，溃疡病灶中间呈淡黄色或淡绿色，边缘稍隆起，大小不一致，有时溃疡病灶互相连成一片，形成溃疡区。这一症状是本病的典型变化。

（4）诊断　本病很容易诊断，只要在临床上发现头部变为紫蓝色或黑色以及根据解剖发现的盲肠和肝脏的典型变化即可作出初步诊断。为了准确诊断，还要进行显微镜检查，如发现活动的原虫即可确诊。

取病死鸡盲肠内容物或刮取物，制成乳剂，镜检，见有不规整圆形虫体，直径9～11微米，外膜薄、内质呈网状，虫体有一根鞭毛，并呈钟摆式运动。

（5）防治措施　加强卫生消毒和饲养管理，舍内要保持清洁干燥，通风良好，有足够的光照。防止鸡群过分拥挤。注意日粮配合，饲料中要有足够的维生素，特别是维生素A。注意驱虫，及时驱除鸡体内异刺线虫是预防本病的主要措施，每千克体重投喂丙硫苯咪唑或左旋咪唑5～10毫克，一次喂给。

在药物治疗中，可用痢特灵以0.04%的浓度自由饮水，7天为一疗程。卡巴砷治疗，0.14%拌入饲料中喂给。二甲硝咪唑，以饲料量的0.04%作治疗量，连喂2周。灭滴灵，以饲料量的0.02%作治疗量，连喂7天。

三、蛔虫病

蛔虫属于线虫中的一种，是鸡类常见的一种蠕虫病，山鸡亦可感染此病。病原体是禽蛔虫。

（1）流行特点　各种禽类易感染本病，3～4月龄的幼禽最易感染。感染主要途径是山鸡食入含有感染性虫卵的饲料或饮水，或食入含有感染虫卵的蚯蚓，卵内的幼虫变成成虫，寄生在十二指肠内。若饲料中蛋白质、维生素 A 及 B 族维生素含量不足，可增加该病的敏感性。

（2）临床症状　一般鸡体内都有少量的蛔虫寄生。但大量感染时，病鸡逐渐消瘦、眼睑苍白贫血。由于蛔虫大量寄生，吸去了大量营养，同时必然引起肠炎和腹痛。由于成虫用吸盘吸住肠壁，会引起肠黏膜出血。病鸡粪便较稀呈下痢状，母鸡停止产卵，有时粪便中可以见到虫体。蛔虫严重寄生，可将肠壁挤破使山鸡死亡。

（3）剖检变化　病鸡明显消瘦、贫血、小肠黏膜发炎水肿，充血出血，用手摸发炎部位的肠管，内有较硬的物体堵塞，剪开肠壁，即有多量蛔虫，甚至拧成绳状。

（4）诊断　蛔虫病只从外表不易诊断，因为很多慢性病都能使鸡体弱、消瘦、精神委顿和羽毛松乱，所以必须靠剖检和粪便的显微镜检查进行判断。只要剖检发现十二指肠内有大量蛔虫寄生，或在显微镜下发现虫卵即可确诊。

取粪便直接涂片镜检，见有椭圆形蛔虫卵；或采集粪便用漂浮集卵法检查虫卵。

（5）防治措施　每年对山鸡进行 1～2 次定期驱虫。目前驱除蛔虫的药物比较多，驱虫净（四咪唑）每千克体重 40～60 毫克，将药粉碎成细面混于饲料中喂给。抗蠕敏，抗蠕敏不但能驱除蛔虫，也能驱除其它线虫，每千克体重 50 毫克，即可收到良好效果。驱蛔灵以每千克体重 0.25 克，混在饲料中喂给。为了使驱虫效果更好，最好在第一次投药后 2 周时再投一次。

四、鸡虱

鸡虱的种类很多，常见的有鸡大体虱、头虱和羽干虱等。它是一种山鸡体表上的一种永久性寄生虫。它们的全部生活史都在山鸡身上进行，一旦离开鸡体就无法生活而很快死亡。

（1）流行特点　鸡虱寄生在山鸡羽毛的根部，当掀开病鸡羽毛时，可以见到鸡虱奔跑。鸡虱吸血，破坏毛囊，或吃羽毛的小枝和表皮。雌虱产卵于羽毛上，经 5～7 天孵出幼虫，2～3 周发育为成虫。通过鸡互相接触传染，传染速度很快，有一只感染很快传遍全群。一年四季均可传播，秋冬季节较为严重。

（2）临床症状　鸡虱的寄生，不仅能夺去山鸡身上的营养、血液和破坏羽毛，而且还影响山鸡的休息，食欲减退，精神不振。由于皮肤受到刺激而引起发痒，所以鸡经常用嘴去啄，甚至将羽毛啄下。因而，由于鸡虱的寄生使鸡体瘦弱，羽毛脱落，皮肤表面受损，病鸡停止生长发育和使产蛋量降低。

（3）诊断　根据临床症状和发现虫体即可确诊。

（4）防治措施　预防本病措施主要是平时注意搞好舍内外卫生，防止麻雀等飞禽进入笼舍。产蛋鸡在进入笼舍前要彻底消毒笼舍和喷洒驱虫药物。

治疗本病主要是用药物驱杀鸡虱。常用的有 0.5% 敌百虫粉，2%～3% 除虫菊粉，或 0.05% 蝇毒磷，将上述药品撒布在鸡体上；也可把药物拌在笼舍的砂浴池里，供山鸡砂浴。喷雾法驱虫，常用 0.4% 的溴氰菊酯或 0.5%～1% 敌百虫喷洒鸡体和禽舍。

在第一次治疗后 7～10 天再进行一次治疗，以杀死新孵化出来的幼虱。在用药的同时，要对鸡舍及其用具进行喷药，以彻底消灭鸡虱。

第五节　中毒病及其防治

一、黄曲霉毒素中毒

黄曲霉在温暖潮湿的条件下，很容易在谷物中生长繁殖并产生毒素。饲喂发霉的饲料，常常引起黄曲霉毒素中毒。

（1）病因　当玉米、麸皮、稻谷、鱼粉等常用饲料或全价饲料发生发霉变质后仍继续饲喂山鸡，这是中毒的主要原因。

（2）临床症状　幼龄山鸡在 2～6 周龄时，发生黄曲霉毒素中毒最为严重。病鸡表现精神沉郁、衰弱、贫血、拉血色稀粪、翅膀下垂、腿软无力、腿和脚由于皮下出血而呈紫红色，死时角弓反张，死亡率可达 100%。

（3）剖检变化　皮肤发红、皮下水肿，有时皮下、肌肉有出血点。特征性病变是肝脏，急性中毒时肝脏肿大、色泽变淡、呈黄白色、有出血斑点或坏死，胆囊充满胆汁。肾脏苍白、稍肿大，或见出血点。胃及肠道充血、出血，甚至有溃疡。慢性中毒时，肝常硬化、体积缩小、颜色变黄、有粟粒大结节状病灶、心包和腹腔常见有积水。

（4）诊断　根据临床症状、肝脏的特征性变化和饲料的霉变等情况，可初步诊断。如需确诊，必须送检饲料，测量其黄曲霉素含量。

（5）防治措施　预防黄曲霉素中毒的根本措施，是不喂发霉的饲料，平时要加强饲料的保管，注意干燥，特别是多雨季节，防止发霉。对已中毒的山鸡，可投给盐类泻剂，排除肠道毒素，并采取对症疗法。同时要供给充足的青绿饲料和维生素 A。

黄曲霉素不易被破坏，加热煮熟也不能使其分解。病鸡的器官组织内部都含有毒素，不能食用，应深埋或烧毁。病鸡的粪便也含有毒素，应彻底清除，集中处理，防止污染水源和饲料。

二、痢特灵中毒

痢特灵属呋喃类药物，由于痢特灵毒性比呋喃西林小而效果更可靠，所以常用痢特灵来预防和治疗由沙门菌引起的疾病，以及治疗球虫病、盲肠肝炎等疾病。如果使用不当也容易引起中毒。

（1）病因　药物用量过大、拌料不均匀或片剂研磨后颗粒过大、连续使用时间过长、误食饮水中沉淀的药物残渣均可引起中毒。

（2）临床症状　中毒初期采食量减少、饮水增加，有的精神沉郁，有的兴奋不安、高声鸣叫、无目的的乱飞乱跑、转圈、步态不稳、共济失调、扭颈、翅膀及腿僵直，最后痉挛、抽搐而死，中毒严重者出现症状后 10 多分钟即死亡。

（3）剖检变化　口腔、食道黏膜黄染，嗉囊、腺胃和肌胃有黄色黏液，病程较长者肠道有卡他性炎症或出血性炎症、肝肿胀瘀血、胆汁充盈、心肌变性并有出血点、肾脏肿大瘀血。

（4）诊断　根据病史调查，结合典型的神经症状与剖检病变可以确诊。

（5）防治措施　用痢特灵预防和治疗疾病时，必须准确计算用药量。一般预防量是 0.02％ 浓度，自由饮水 7 天，治疗量为 0.04％～0.05％ 的浓度自由饮水。用痢特灵自由饮水时，一定先将药物用凉水浸泡，待药片膨大后，再用手指将其碾成膏泥混到水中，这样才是比较安全的。喂药时注意观察鸡群反应，如有中毒症状，应立即停药。

治疗上可灌服 5％ 葡萄糖水，或肌内注射维生素 B_1 和维生素 C，可减少部分损失。

三、食盐中毒

食盐是山鸡不可缺少的营养物质，一般占饲料量的0.2％～0.4％。如果饲料中食盐过多，或者误食含盐过多的饲料就会引起中毒。

（1）病因　多见于鱼粉内含有过多的食盐；饲料中食盐混拌不匀，造成部分山鸡摄入过量；环境高温、饮水不足降低了山鸡对食盐耐受量亦可引起中毒。

（2）临床症状　山鸡发生食盐中毒时，其疾病的严重程度决定于食盐的采食量和采食时间的长短。中毒的病鸡，主要表现食欲不振或完全废绝，病鸡强烈口渴，病鸡争抢喝水，有的山鸡喝水过多，嗉囊扩张膨大，口和鼻中流出黏性分泌物。有的病鸡直到临死前还想喝水。病鸡发生下痢，排水样稀便。病鸡表现精神委顿，运动失调，两脚无力或完全瘫痪。病至后期极度衰弱，打瞌睡，呼吸困难，有时显现肌肉抽搐，最后发生虚脱而死。

（3）剖检变化　剖检病理变化主要发生在消化道。嗉囊中充满黏性液体，黏膜发生脱落。腺胃黏膜充血，有时表面形成假膜。小肠发生急性肠炎或出血性肠炎，肠黏膜充血并有出血点。有时可见皮下组织水肿，腹腔和心包囊中有积水，肺发生水肿，心脏有出血点，全身血液浓稠。

（4）诊断　根据用盐量调查，临床症状及剖检变化可作出诊断，必要时测定饲料中氯化钠的含量进一步确诊。

（5）防治措施　发现中毒后，立即停喂含盐的饲料，供给充足而洁净的温水，也可静脉注射生理盐水或葡萄糖溶液。中毒轻的往往不加治疗即可好转。而中毒严重的往往预后不良。

鸡的味觉很不发达，对食盐无鉴别能力。因此，饲料中的含盐量，应严加控制，做到精确计算，特别是雏鸡更要注意。在喂鱼粉时，一定要检验其含盐量，以免配料时用量过多。

第六节　普通病及其防治

一、维生素 A 缺乏症

（1）病因　饲料配方单一且维生素 A 含量过低，又未补给青绿饲料；全价饲料在长期存放或阳光照射等情况下，维生素 A 被分解破坏；山鸡患消化道、肝胆疾病或饲料脂肪含量不足影响维生素 A 的吸收等原因，使机体缺乏维生素 A。

（2）临床症状　成年山鸡通常在 2～5 个月内出现症状。病鸡食欲不振、消瘦衰弱、趾爪蜷缩、不能站立，往往用尾支地。本病的特征性症状是病鸡鼻孔和眼有水样分泌物，上下眼睑往往被分泌物胶着在一起。眼内积聚乳白色干酪样物，眼角膜可能发生软化和穿孔，使病鸡失明。由于病鸡鼻孔中有黏稠液体，病鸡表现呼吸困难，甚至张嘴呼吸。

雏鸡一般生后 6～7 周可能显现症状。假如上一代种鸡缺乏维生素 A，孵出来的雏鸡一周即显现明显症状，病雏表现衰弱、运动失调、消瘦、腿、嘴、皮肤等处的黄色素消失。病雏经常流泪水，眼睑内或眼睑下方有干酪样物。有的病雏眼睛干燥。

（3）剖检变化　山鸡缺乏维生素 A 时，可见消化道黏膜肿胀，病鸡鼻腔、口腔、食道和咽喉有白色的小脓疱，可蔓延到嗉囊。黏膜表面凹陷形成溃疡，这种病状很像鸡痘。有的病鸡可在喉部和气管部发现乳白色干酪样物或在气管的黏膜上有小结节样颗粒。鼻腔内充满水样分泌物，当液体进入副鼻窦后，引起面部的一侧或两侧肿胀。

（4）诊断　根据发病原因、临床症状和剖检变化即可作出诊断。

（5）防治措施　平时应注意饲料中维生素 A 的含量。按照营养需要的标准供给维生素 A。应注意饲料的保管，防止发生酸败、发酵、产热和氧化，以保证维生素 A 不被破坏。

病鸡可以口服鱼肝油丸或肌内注射鱼肝油，大群治疗可在日粮中增加鱼肝油的含量，一般鱼肝油应占饲料的 1‰～2‰，连喂 3～5 天即可治愈。

二、维生素 D 缺乏症

（1）病因　在笼舍缺乏阳光照射，饲料中又没添加维生素 D 和鱼肝油，极易发生维生素 D 缺乏；虽然饲料中维生素含量充足，但因饲料经长时间存放，霉变或日光照射等情况，使维生素 D 受到破坏也会导致维生素 D 的缺乏。

（2）临床症状　维生素 D 缺乏主要危害雏鸡。病雏两腿无力、行走困难、以飞节蹲伏休息。站立起来则两腿发颤，最后不能站立，爪歪向一侧不能走路。有的鸡用飞节走路，喙变软或弯曲，致使吃食不便。骨骼柔软、肿大和变形。

产蛋母鸡缺乏维生素 D 后，一般在 2～3 个月以后才表现明显的症状，特别是高产鸡更为明显，最初母鸡产软壳蛋，随后产卵量显著下降，有的母鸡不能站立，卧地不起，根本不能走动。

（3）剖检变化　病变特征为椎肋与胸肋的交接处肿大或向内弯曲，形成特征性的肋骨内弯现象。椎肋与脊椎交接处肿胀呈串珠状，胫骨和股骨的骨骼钙化不良。

（4）诊断　根据病史调查，临床症状及特征性病变可以作出明确诊断。

（5）防治措施　增加矿物质饲料，如骨粉、贝壳粉等；让鸡在阳光下照射，促使维生素 D 的合成，使鸡恢复健康。用鱼肝油进行治疗，其喂量占饲料的 1‰～2‰。连喂 3～5 天即可治愈；可肌内注射维生素 D_3，特别是产蛋母鸡效果更明显。但用量过多可产生毒害作用。

三、维生素 B$_2$ 缺乏症

（1）病因　饲料中缺乏维生素 B$_2$，饲料中维生素 B$_2$ 被光线破坏或者在碱性环境中遭到破坏等因素，造成山鸡对维生素 B$_2$ 摄入量不足而发病。

（2）临床症状　雏鸡缺乏维生素 B$_2$ 时，生长缓慢，消瘦。趾爪向内蜷曲，两肢发生瘫痪，不论休息和走路均用飞节着地，并展开双翅来保持身体平衡。腿部肌肉松弛，皮肤干燥粗糙。病情严重时可发生下痢。病鸡因行走不便而吃不到食物，病程稍长便发生死亡。成年山鸡缺乏维生素 B$_2$ 时产蛋量及孵化率明显下降。

（3）剖检变化　维生素 B$_2$ 缺乏时，解剖症状不十分明显，特别是内脏变化不很典型。但有的病鸡可见肝脏增大和脂肪量增多，也有的病鸡有肠炎症状，肠内有多量的泡沫内容物，也有的病鸡坐骨神经显著增大，比正常的大 4～5 倍。

（4）诊断　根据发病原因、临床症状和剖检时见到病鸡坐骨神经明显增粗增大等现象，可以建立诊断。

（5）防治措施　注意日粮配比，特别是经常加入酵母、苜蓿、青绿饲料等含有较多的维生素 B$_2$ 的饲料，可起到预防作用。如果发生维生素 B$_2$ 缺乏症，可用盐酸核黄素进行治疗，一般每只雏鸡每天喂给 1 毫克，成年鸡每只每天喂给 5～6 毫克，连喂 3 天即可治愈。

四、嗉囊病

（1）病因　在嗉囊病中最常见的有嗉囊炎、嗉囊阻塞和嗉囊下垂三种。它们都是由于饲养管理失宜造成的。雏鸡嗉囊炎主要是由于舍温忽高忽低或经常温度较低，突然更换饲料或喂给发霉变质的饲料而诱发本病；嗉囊阻塞主要是食入了粗硬多纤维饲料或一些难以消化的异物所引起；嗉囊下垂也是与饲养管理不当有关。例如，山鸡吃进大量砂粒、煤渣等较重的异物造成的。

（2）临床症状　嗉囊炎病可见嗉囊膨大如橡皮球状，里面充满液或气体。嗉囊阻塞表现为嗉囊膨大坚硬，长时间不能消化，用手触摸内有异物，有的病鸡嗉囊中充满气体，并由口腔中散发腐败的气味。嗉囊下垂是由于吃进的异物比较重，使嗉囊下垂如袋状，嗉囊失去正常的收缩能力，食物不能移行到胃。

（3）防治措施　供给优质饲料，改善饲养管理措施为根本。根据临床症状实施对症疗法。对嗉囊炎可每千克体重喂土霉素0.05～0.07克，或青霉素5000单位，连喂3天。或用0.02％的痢特灵连饮5天。对嗉囊阻塞和嗉囊下垂最好采用手术疗法，将术部消毒切口1～2厘米，取出内容物，再进行消毒，对嗉囊连续缝合，对皮肤结节缝合，最后再用碘酊消毒，手术后2～3天即可恢复。

五、啄癖

（1）病因　啄癖是由于饲养管理失宜所引起的一种代谢性疾病。造成这种疾病的原因多方面，例如，日粮配合不当，饲料中缺乏蛋白质或氨基酸不平衡，缺乏盐分或磷钙质，饲料粗纤维含量过低等。在管理上鸡群过度拥挤，噪声的干扰，产蛋窝不足，鸡身上发痒等均可导致啄癖。另外有的鸡有神经质，天生就有啄癖的习惯，在它的带动下，也可引起群体的啄癖现象。

（2）临床症状　啄癖表现有啄趾癖、啄肛癖、食毛癖和食蛋癖等。例如，雏鸡易发生叮啄脚趾，引起出血或跛行，严重时会将一些雏鸡的爪趾啄掉吃光；啄肛可发生于任何年龄的鸡群，一旦有一只鸡肛门被啄破出血，很多鸡便蜂拥而上，顷刻将直肠或内脏拉出吃光，使其死亡；食毛癖多发生于中大雏和成鸡，有的鸡喜欢啄食其它鸡的羽毛吃掉，有的自食其羽；食蛋癖表现为啄食其它鸡产下的蛋或自食其蛋。

（3）防治措施　改善饲养管理是控制本病的根本途径。如果是饲养问题，就要根据具体情况检查饲料配方，增加蛋白质饲料，注意供给充分的含硫氨基酸，饲料中增加1％～2％羽毛粉，注意磷、钙、食盐等矿物质饲料的补充，适当增加粗纤维的含量等；如果是管理上的问题，也要根据具体情况采取疏散密度，适时断喙，及时驱除体外寄生虫，加强对鸡群的看管，发现有啄癖的鸡将其提出，保持环境的安静，多放些食槽、水槽，减少鸡只之间的干扰，产蛋季节给母鸡备足产蛋窝或勤拣鸡蛋等多方面措施。

第八章 山鸡场的环境与设计

第一节 环境的选择

一、环境选择的原则

1. 自然环境的选择

自然环境的总体要求就是所选择的场址要符合山鸡生活习性的需要。山鸡喜欢生活在清洁干燥的环境，只有这样才能有利于山鸡的生长发育、产蛋繁殖和发挥优良的生产性能。污秽潮湿的环境，常常造成鸡白痢、球虫病、曲霉菌等病的传播，同时，往往也是风湿、感冒的诱因；给山鸡创造冬暖夏凉的环境条件非常重要，山鸡较适宜的温度为5～27℃，夏季超过30℃就张口喘气，产蛋量和受精率都受影响，超过35℃往往可以引起中暑死亡，因此山鸡场必须有良好的小气候条件；山鸡喜欢安静的环境条件，受到惊吓就会骚动不安，因此，山鸡场应远离居民点、学校、交通主干道等环境嘈杂的地方，以防止外界环境的干扰；选场址时还要了解当地水旱灾情、交通、能源等情况，并进行综合分析，全面比较，择优选址。

2. 社会环境的选择

养殖山鸡的目的就是追求效益的最大化，为改善人民生活水平作出最大的努力，场址选择时应考虑到当地人口的多少、离周边城市的远近、当地的生活消费水平，尽量缩短产品销售半径。饲料是养殖场的主要支出，饲料来源近，则成本就会降低。同时要尽量利用当地资源，在蛋白质饲料上能利用植物性蛋白质，就少用动物性蛋白质，内地多用鱼粉和屠宰厂下脚料，沿海地区尽量使用小杂鱼。山鸡养殖场常与外界进行交流，为了防疫需要除了加强管理以外，还要建在便于防疫的地方，选场前还要考虑到长远发展的需要，即可有足够的占地面积，还要对生产、加工、屠宰和生活用房有一个恰当的布局。

二、场址的必备条件

（1）地形地势　地形要开阔整齐，地面稍有坡形，坡度以3～4度为宜。地势高燥，场址要高出当地历史最高洪水线以上，地下水位要低于地面1米以下。避风向阳，排水良好。山鸡场朝向以南向或东南向为宜，可便于采光。

（2）土壤　山鸡场的土壤以透气、透水性强的沙壤土为宜，因为这样的土壤排水良好、导热性小、微生物不易繁殖，合乎卫生要求。黏土壤颗粒较细、黏着力强、透水透气性能差、雨后易泥泞积水，使工作不便、舍内易被脏污、寄生虫容易繁殖、卫生条件差。要求场地的土壤过去没有被传染病或寄生虫病原体所污染。

（3）水源　山鸡场的水源应当充足，水质良好。应保证动物饮水、其它生产用水、生活用水和防火用水等。要求水中不含有病菌和毒物，无异臭或异味，水质澄清。最好有自来水，如果没有自来水，应该用深井水。建场前应对水的物理性状、化学性状和污染程度进行化验分析，水质符合生活饮用水指标才能使用。

（4）交通　山鸡的生产与生活所需物资运输量较大，在选择场址时应考虑交通方便，但又不能紧靠公路。要离主要公路500米以外，离一般公路150～200米以上，有引路进场，即有利运输又有利于防疫。为便于运输，路面要平坦，路基要坚固。

（5）电源　在山鸡生产过程中，孵化、育雏、饲料加工等时刻都离不开电力，因此，电源就成为养殖场主要能源，电源应靠近养殖场，变压器容量要满足生产生活需要，孵化间、冷库、水泵房最好备有发电机，以备停电时不至于影响生产。

（6）防疫　除土壤、饮水有防疫要求外，养殖场应离居民点500米以上，更不要建在化工厂、屠宰厂、家禽场附近。小型养殖场应建在村屯的一头，以利防疫。

第二节　建筑设计与布局

一、建筑物的设计

1. 孵化室

孵化室与场外联系较多，宜建在靠近场区的入口处，与场内鸡群拉开一定距离，主要是便于山鸡场的卫生防疫。孵化室地址应选在养殖场整体布局的上风向，以减少对雏鸡的污染。

孵化室的技术要求：应与外界隔离，即使工作人员和一切物件的进入均应消毒，以杜绝外来传染源；其建筑结构应隔热良好，确保室内小气候的稳定；要有良好的通风条件，保证室内空气新鲜。

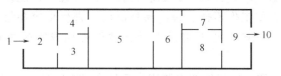

图 8-1　孵化室平面布局

1—种蛋进口；2—接收种蛋；3—码盘、贮存；4—熏蒸消毒；
5—孵化室；6—出雏间；7—品质鉴定；8—幼雏存放间；
9—发运；10—初生雏出口

孵化室的大小依生产任务而定，但是其建筑条件必须是保温良好的正规房舍。孵化室要求地面和墙壁要光滑，应用水泥抹面，并在室内设有上下水系统，以利于冲刷和消毒工作。孵化室总体布局依次设有种蛋接收间、贮蛋间、种蛋消毒间、孵化间、出雏间、幼雏存放间等（图 8-1）。

① 种蛋接收间　在此进行种蛋初验与装盘。面积应稍为宽敞，便于存放蛋盘，室内温度保持在 18～20℃为宜。

② 贮蛋间　内设有蛋架蛋盘，以存放待孵化的山鸡蛋。

③ 消毒间　山鸡蛋孵化前在消毒间内进行种蛋的挑选洗涤与消毒。

④ 孵化间　面积应大一些，便于安装孵化机器和验蛋工作台，孵化器的大小、数量依孵蛋量而定，并且要有良好的通风条件，经

常保持室内空气清新。

⑤ 出雏间　在出雏间安装出雏机，其卫生条件同孵化间，其面积可以小一些，因为出雏机占地面积较小。

⑥ 幼雏存放间　在幼雏的检验和存放间内进行幼雏的检验、分级与暂存。

特别值得注意的是，建筑孵化室时应从接收种蛋至雏鸡运出，只能有一个入口和一个出口，即从这边进来，从那边出去，不可逆向操作，防止交互感染。在入口和出口外面应设更衣间和消毒池。

2. 育雏舍

育雏舍是养育 0～4 周龄雏山鸡的专用房舍。育雏舍离孵化室稍近一些较好，这有利于幼雏尽快被转运到舍内，以减少不良刺激所造成的影响。由于人工育雏需要较稳定的温度，室温范围在 20～25℃，要求墙壁较厚，设有保温天棚，这样有利于保温，同时又要使室内通风良好，为此窗子的面积应该大一点，通过开窗或关窗调节通风量。房舍应坐北朝阳，便于采光。舍内其阴面应设有 1.2 米宽的走廊，是育雏人员的作业道和暂存饲料的地方，阳面隔成若干个育雏间，最好每批雏鸡占一个育雏间，便于调节温度，因为每个批次出雏量有多有少，因而各育雏间应大小不等为宜，每个育雏间每个生产周期可周转使用 2～3 次。育雏时，山鸡雏从 37℃ 的出雏器出来，一下子转到常温环境下是不可以的，这样育雏器和育雏室的温度就成了育雏成败的关键问题。因育雏方式不同，育雏器的供温方法亦不同，例如立体笼架育雏和网上平面育雏大多采用两个育雏间的火墙供温或电热风供温，也有用暖气供温的；伞下平面育雏其热源来自育雏伞；火炕育雏和地面厚垫料育雏，其热源主要是来自炕面和火墙。

3. 中雏网舍

中雏网舍是用来养育育中雏（5～10 周龄）的场所。它是由有保温作用的房舍和与它相连的网室组成。养育中雏都在夏季，所以这个房舍可以不用防寒棚。房舍建筑形式可以是单坡式的，亦可以起脊的。单坡式的造价低廉，房前檐高 3 米、后檐高 2 米、跨度 4～6 米、长 30 米，上面覆盖着石棉瓦，要求前窗应宽大而明亮，后窗可以小一些，使舍内有良好的通风条件。网室实际上就是山鸡的运动场，应设在房舍的阳面，网室长 15～20 米，宽与房舍长度相同。房舍与网室占地面积比例大致为 1∶3（图 8-2），将网室和房舍均隔成三个间。房舍和网室均设有出入门，门宽 0.8 米、高 1.8 米，以便于作业。房舍阳面的窗台下设置一个鸡门，门高 30 厘米、宽 25 厘米。网室不宜太高，一般为 1.8～2 米，其材料可因条件而宜，支架可用角钢、铁管，也可用竹、木材料，网可用金属网、尼龙网等。每栋中雏网舍每年可周转使用 2～3 次。

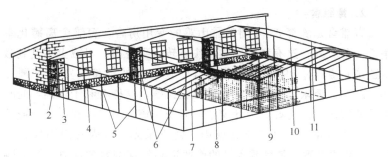

图 8-2　中雏网舍示意图

1—禽舍；2—网室门；3—房门；4—鸡门；5—边柱；6—梁柱；

7—椽条；8—横拉；9—笼网；10—脊檩；11—边檩

为了节省建筑投资，最后一二批中雏可以养在育雏舍内，因为育雏室在育雏最后一二批无需周转。但是应对育雏室加以改造，就是将育雏室阳面要搭建网室，墙根下掏几个鸡门，供中雏在室内和网室之间自由出入。

4. 大雏网室

大雏网室是用来养育大雏（11～18 周龄）的场所。大雏网室是不需要其有保温作用的房舍，仅用支架和网做成大型网室即可。每栋网室长 30 米，宽 10 米，隔成三个间，每间 100 平方米。网室的立柱用 40 毫米×40 毫米角铁或 35 毫米×35 毫米角铁制作，立柱的地下部分埋入 40 厘米深，用水泥沙石灌筑成水泥墩，起到加固立柱的作用。网室的山墙设 5 根立柱，柱间距离 2.5 米，脊檩柱（梁柱）高 2.3 米，二檩柱高 2.1 米，边檩柱高 1.8 米，网室的前后壁每隔 3.3 米立一根边檩柱，各柱之间用 30 毫米×30 毫米角铁做横拉，横拉离地面 1 米高。檩条 5 根，用 35 毫米×35 毫米角铁制作，脊檩和二檩每隔 5 米焊一根支撑柱。椽条用直径 4 分（12.7毫米）的薄壁管制作，因为这种管材重量很轻，可以减少顶棚的重量，椽条间距 0.5 米。网室的壁和顶棚覆盖网眼为 30 毫米×30 毫米的镀锌点焊网（图 8-3）。必须注意，四壁的地下部分要砌 4 层水泥砖（深约 25 厘米），防止老鼠钻进网室内，在水泥砖上面再搭建点焊网。网室的各个间都要设置作业门，作业门用 30 毫米×30 毫米的角铁做框架，覆盖 30 毫米×30 毫米点焊网。门宽 0.8 米、高1.8 米。在每栋网室的入口处应该置一个长 2.5 米、宽 1 米的工作间，间内可以暂存饲料、工具和山鸡蛋。室内北侧设置避风遮雨的栖息棚，栖息棚通常用木材作为支架，上面加盖石棉瓦，棚的高度与宽度均为 1.5 米左右，棚的长度与网室的宽度相同。

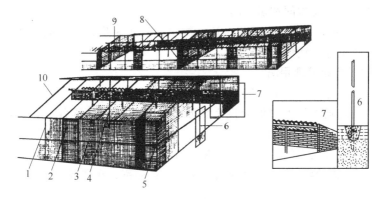

图 8-3　大雏或种鸡网室示意图

1—边立柱；2—消毒门；3—横拉；4—梁柱；5—作业门；
6—山梁柱；7—栖息棚；8—过堂门；9—间壁；10—椽条

5. 种鸡网室

种鸡网室亦可称为成鸡网室。网室主要分为大群饲养的网室和小间配种网室两种。

① 适用于大群饲养的网室　这种网室的样式和规格与大雏网室完全相同。为了适应繁殖季节的需要，每个配种间应设置一个产

蛋窝。产蛋窝搭在每个间的山墙边,南北长 1.7 米,东西宽度 0.8 米,窝的前高 40 厘米,后高 45 厘米,设 2 个窝门,门高和宽均 20 厘米,门应离开地面 10 厘米,窝内铺上垫草,窝的上面用 1 张石棉瓦做盖防雨,拣蛋时掀开石棉瓦即可。产蛋窝用砖砌成,可坚固耐用。

② 适用于小间配种的网室 为了育种的需要,往往要建一些面积小的网室。网室的大小和排列方式可根据具体情况灵活掌握。小间内设置自闭式产蛋箱,用木板制成,规格参照家鸡的数据即可。

6. 其它生产用房

① 料房 其建筑面积应根据鸡群规模、饲料的种类和需要量而定。如果各种全价饲料都由自己加工配制的话,料房应包括原料贮藏库、饲料粉碎间、饲料搅拌间和成品饲料库等。如果制作颗粒饲料还应有制粒间和烘干间。

② 附属用房 主要有车库、配电间、水泵房、机修间、垫料库、物资库、锅炉房等。

7. 行政管理用房

主要包括门卫室、进场消毒室、办公室等。

山鸡场大门入口处应设有消毒池,其规格为长宽各 3 米、深 15 厘米,门卫室设有高压水龙头,用以冲刷和消毒车轮。进场消毒室应设有更衣间、卫生间、淋浴间等。办公室应设场长室、技术室和会议室等。技术室应分设兽医室、药品室、病理解剖室和焚化室等。

8. 生活用房

生活用房主要是解决职工生活福利的需要,可根据人员编制及具体情况考虑安排。包括住宅、食堂及其它辅助用房。生活区离场区 500～1000 米。

二、布局

山鸡场总体布局一般分为生产区、行政区和生活区。其布局原则,即要考虑卫生防疫条件,又要照顾各个区间的相互联系,同时还应考虑风向、地形地势和各种建筑的距离。

生产区是总体布局的主体，应予重点考虑。例如，该地区主导风向是南风，生产区应设在南向坡地，从南至北依次是孵化室、育雏室、中雏舍、大雏舍、成年鸡舍。这样能使孵化室、幼雏舍等获得新鲜空气，减少幼雏、中雏的发病机率，同时也避免了成年鸡舍对小鸡的感染。

行政区设在生产区的左侧或右侧，生活区设在场外或设在行政区的后面。

从建筑的距离上考虑，生产区的各种鸡舍距离应 30 米左右；行政区和生产区相距应 100 米以上；生活区距行政区 500 米以上。

场内道路的设置，应分为清洁道和脏污道，互不交叉。清洁道用于鸡只、饲料和设备的运输。脏污道用于鸡粪、死鸡和脏污设备的运输。场外运输的车辆只能进入行政区，生产区内的运输由专用车解决。

第三节　养鸡设备与用具

目前我国山鸡场规模都很小，生产以手工操作为主。养殖山鸡所用的设备与用具种类繁多，有的可以到专业商店购买，有的可以就地取材自己制作。这里只介绍几种必要的设备和用具。

一、饲料加工设备

1. 粉碎机械

粉碎机械有锤片式粉碎机和辊式磨碎机。一般多使用锤片式，它结构简单，坚固耐用，适用于加工各种精粗饲料。我国已有定型产品，可以根据粉碎饲料的量，选择适宜的型号。

2. 搅拌机械

主要有添加剂搅拌机和饲料搅拌机两种。

① 添加剂搅拌机　主要是用于配制维生素和矿物质（微量元素）等添加剂使用。这些用量极微的物料，必须在混合为半成品前进行预混，才能保证配合饲料的均匀度。可以根据需要选择适当的

型号。

②饲料搅拌机　有立式和卧式两种，可根据情况选用样式和型号。

3. 其它设备

如果制作颗粒饲料必须有颗粒机、烘干机等。配料称量时，必须有大小不等的容器和衡器。在制造配合饲料过程中会产生大量粉尘，为此加工间内应装有吸风、除尘设备，以改善劳动条件和保护机械。饲料加工过程中必须有输送设备，通常有立式提升机和卧式螺旋输送机，其中立式提升机被很多厂家所使用。

有的地区使用新鲜饲料，例如鲜鱼或青绿饲料时，还应配备青饲料切割机和打浆机，将这类饲料切碎或搅碎。

二、孵化设备

1. 孵化器

孵化器的样式和型号很多，大小不一，但其基本构造和原理是一样的。由箱体、控温装置、控湿装置、通风装置、翻蛋装置、蛋架和蛋盘等部件组成。按孵化器的先进程度分为全自动和半自动两种。全自动的孵化器实现了控温、控湿、通风、翻蛋等过程的自动化，孵化过程的技术参数可以由数字显示屏显示出来。半自动孵化器的湿度和通风量是由人来调节的，有的孵化器还必须人工翻蛋。孵化山鸡蛋和孵化家鸡蛋机器是一样的，不同之处就在蛋盘上。因为山鸡蛋只有家鸡蛋的 2/3 大小，所以蛋盘上的钢丝距离必须变窄，才能适合承载山鸡蛋。这种适用于孵化山鸡蛋的蛋盘可以在生产孵化器的厂家定做或自己用孵家鸡的蛋盘改装。

2. 出雏器

出雏器的构造与孵化器基本相同，所不同的是它的容积比孵化器小得多，孵化器和出雏器容蛋量比例为 4：1。孵化时每 5 天入孵一批种蛋，就可以充分发挥机具的周转利用率。

孵化器和出雏器的内部区别在于出雏机不翻蛋。出雏机内设有一排或两排出雏架，出雏架分为若干层，层与层之间距离为 12 厘米。出雏盘放在出雏架上。出雏盘壁高 10 厘米，底用网眼为 5 毫米×5毫米筛网制成。在最下一层出雏架放置出雏箱，箱的四壁高20厘米，底部钉上筛网，以利于透湿、透气。出雏箱的用途是暂存出壳后的山鸡雏。因为山鸡雏体小而且灵活，出雏时应将出雏盘的雏鸡及时拣到出雏箱内，不然的话雏鸡跳出出雏盘会被风扇打死或被水淹死。

3. 贮蛋架和贮蛋盘

这两种设备放在贮蛋间内。贮蛋架可自制，是用直径12毫米的钢筋焊制而成的架子，其层数的多少根据需要酌定，其长宽根据贮蛋盘的大小而定的。贮蛋盘放在贮蛋架的各层之间，用孵化山鸡的蛋盘代替贮蛋盘亦可。

三、育雏设备

1. 立体育雏设备

可用家鸡立体育雏设备代替。育雏笼长、宽、高各为100厘米、50厘米和30厘米，通常叠放3～4层，笼间距14厘米。每层笼的后壁装有长管式加热器，供雏鸡取暖。由于家鸡用的立体育雏设备造价较高，现介绍一下中国农业科学院特产研究所山鸡场自制的育雏设备，这样设备造价较低，适用性强。育雏架是用直径12毫米钢筋焊接而成，每个育雏架可以装4层育雏笼，笼的下面是插接粪板的地方。这种育雏架容易搬动，便于消毒，其规格样式见图8-4。

育雏笼与育雏架相配套。用直径6毫米钢筋焊成骨架，底和四壁用20毫米×10毫米孔目的点焊网围成，笼的一个侧面用铁皮制成可以调节宽窄的

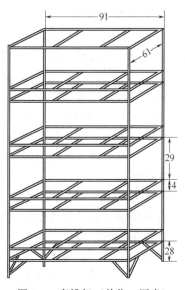

图8-4　育雏架（单位：厘米）

笼门，它的外面可以挂上食槽和水槽，供山鸡雏从这里伸出头来采食和饮水，样式见图 8-5。

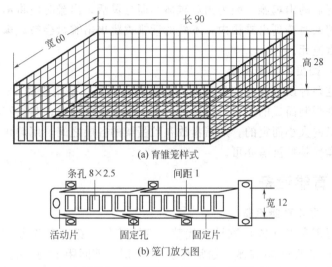

(a) 育雏笼样式

(b) 笼门放大图

图 8-5　幼雏育雏笼（单位：厘米）

2. 平面育雏设备

这里只介绍伞下平面育雏设备，其主要由育雏伞和围栏组成。育雏伞用金属板或纤维板制成，其作用是使热源散发的热量反射到保温区内，伞内热源可用 200 瓦加热管或加热线，一定要注意绝缘勿伤雏鸡。用温度调节器控制温度，一般伞的直径 1.2 米左右，可饲养 300～500 只雏鸡（图 8-6）。围栏是围在育雏伞周围的屏障，可防止雏鸡跑的过远，脱离保温区。高度为 50 厘米，长度根据群体的大小而定。随着雏龄的增长，育雏伞的高度逐渐上提，围栏范围逐渐扩大。

3. 供暖设备

育雏供暖的设计应遵循因地制宜，价格低廉，节约能源，整洁卫生，使用方便，防火安全的原则。立体育雏多用电暖风、火墙、暖气或其中二者同时使用。伞下平面育雏的热源主要来自育雏伞，间或用其它方法辅助增加室温。其它方法的平面育雏热源来自火炕、火炉等加温方法。

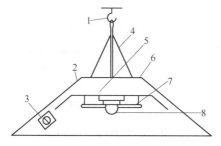

图 8-6 悬吊式金属育雏伞

1—吊钩；2—金属伞罩；3—控温装置；4—悬挂链条；
5—辐射板；6—玻璃纤维；7—加热管；8—照明灯

四、饲养用具

1. 盛料箱

盛料箱样式像个小柜子，盖向下斜，便于放料和取料。盛料箱是鸡舍内存放饲料的小仓库。饲料由粉碎加工车间领来后，不能当天喂光，必须存放在盛料箱中，不能随便堆在管理室内。盛料箱有木制和砖砌两种。可根据情况因地制宜地制作。

2. 饲槽

① 笼育用饲槽　中国农业科学院特产研究所山鸡场采用立体笼育山鸡雏，等山鸡雏长到二周龄后将饲槽、水槽挂在育雏笼外边。饲槽和水槽均用铁皮焊制而成，其规格均为：长 40 厘米、底宽 2 厘米、上口宽 3 厘米、高 3 厘米。

② 平养用饲槽　分为小、中、大三种规格，大多用木板制成（图 8-7）。

a. 小食槽　长 60 厘米、深 5 厘米、上下宽分别为 8 厘米和 6 厘米、每个食槽可饲喂幼雏 80 只左右。

b. 中食槽　长 100 厘米、深 7 厘米、上下宽分别为 12 厘米和 10 厘米、每个食槽可饲喂中雏 50 只左右。

c. 大食槽　长 150 厘米、深 9 厘米、上下宽分别为 15 厘米和 12 厘米、每个食槽可喂大雏或成鸡 50 只左右。

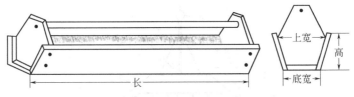

图 8-7　平养用饲槽

　　每种食槽，其上面均有一条横梁，其作用一则防止鸡进入食槽内刨食，造成饲料浪费，二则搬运也比较方便。食槽应光滑，便于刷洗与消毒。这种木制长形饲槽适用于定时投放湿粉料，因为湿粉料比干粉料嗜口性要好，为广大山鸡饲养者所采用。

　　③ 干粉料桶　由桶和底盘两部分组成。一般桶高 45 厘米，直径 26 厘米，桶的上面有盖，打开盖往里装入混合好的干粉料。底盘直径 46 厘米，中心高 15 厘米呈山形，盘的边沿高 10 厘米。底盘与圆桶有 7 厘米的距离，用三块薄铁将圆桶与底盘连接，饲料由桶和底盘之间的空隙漏下来，任鸡自由采食。这种干粉料桶适用于大雏和成鸡。使用时将桶吊起或者垫起来，方便鸡只采食。

　　3. 饮水器

　　饮水器具很多，一般多采用塔式饮水器。塔式饮水器的主要优点是：饮水清洁、安全、经常不断。因为这种饮水器使鸡只能喝到水，而不能将水弄脏。饮水器也分小，中、大三个规格，分别用于小雏、中雏、成鸡。塔式饮水器是由两部分构成的，即圆形尖顶的贮水塔和一个圆盘状的底。贮水塔下边开一个三角口或用铁钉钉一个孔，这个三角孔或圆孔的上缘不能超过圆形底盘的上沿。圆形底盘比贮水塔要大。其规格如下。

　　a. 小饮水器　贮水塔直径 10～12 厘米、底盘直径 13～15 厘米、高 15 厘米。可盛水 1～1.5 升，供雏鸡使用。

　　b. 中饮水器　贮水塔直径 18～20 厘米、底盘直径 24～26 厘米、塔高 25 厘米。可盛水 1.5～6 升，供中雏使用。

　　c. 大饮水器　贮水塔直径 25 厘米、底盘直径 31 厘米、塔高 30 厘米。可盛水 12 升左右，供成鸡或大雏使用。

　　还有一种即适用又结实的方盘饮水器，适用于大雏和成鸡使用。它是用铁皮制成的方形盘，在盘的上面加一个由直径6毫米钢筋焊成的罩，防止山鸡弄脏饮水，规格见图8-8，可装10升水。因为大雏或成鸡饮水量大，这种饮水器在加水时非常方便。

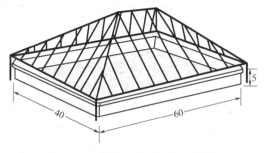

图8-8　方盘饮水器（单位：厘米）

4. 捕鸡网

用铁丝作网圈，用线绳或尼龙线编织成网兜，把网兜固定在网圈上，再将网圈固定在一条长柄上即可。捕鸡网分为大、中、小三种规格（图8-9）。

a. 大网　网圈直径40厘米、网长50厘米、柄长1.6米，用来捕捉大雏或成鸡。网圈用6号铁线制成。

b. 中网　网圈直径25

图8-9　捕鸡网示意图

厘米、网长30厘米、柄长1.3米，用来捕捉中雏。网圈用8号铁线制成。

c. 小网　网圈直径15厘米、网长20厘米、柄长1米，用来捕捉幼雏。网圈用10号铁线制成。

五、运鸡用具

1. 成鸡运输箱

在远距离运送成鸡或大雏时，为防止踩压或窒息造成山鸡死亡，使用成鸡运输箱是一种有效的盛载工具。成鸡运输箱长90厘米、宽60厘米、高30厘米、脚高5厘米。用30毫米×30毫米的木方做骨架。六个面均钉上纤维板，侧壁和上盖钻若干个直径2厘米的孔，以利通风。箱的一头做一个能够横开的拉门，这样，在运输时可以成层装箱，喂食时便于开门。笼内固定一个长50厘米、宽10厘米、高7厘米的小食槽，运输途中放入拌湿的饲料或青菜。当装完鸡后用打包机将箱子捆上两条尼龙带（图8-10）。这样即可加固，又方便搬运。如果长途运输（5～10天到达），每箱可装10～12只；运输时间在5天以内每箱可装12～15只。运输季节以10月份至3月份为好，其它季节天气炎热，途中易引起死亡。运输过程中箱和箱之间的上下左右都要留有5厘米的间隙，便于空气流通防止山鸡窒息死亡。中国农业科学院特产研究所曾用火车将山鸡从长春运到深圳需5天左右，均用此种运输箱，安全有效，存活率达90％以上。

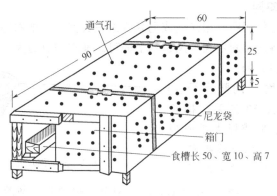

图8-10　成鸡运输箱（单位：厘米）

短距离运输，例如从这个栋舍运到那个栋舍时，最便捷的运输工具是麻袋，每次运送成鸡或大雏10～15只。

2. 雏鸡运输箱

新生雏如果需要运出场外，应在12～48小时运到目的地。常用的是运送家鸡雏的瓦楞纸箱。箱的顶盖和四壁均设有若干个直径1厘米的通气孔，箱高15厘米，内有4个格，每个格装25只雏鸡。长途运输必须注意箱与箱之间留有空隙，便于雏鸡吸进新鲜空气。

如果在场内从出雏间运到育雏室，因距离很近，可用育雏笼、柳条筐、竹箩筐等容器运送。

六、其它设备与用具

根据生产实际情况，常常配备饲料车、粪车、断喙器、绞肉机、发电机组、水泵、各种规格的普通喷雾器、高压喷雾器、消毒槽、食桶、水桶以及清扫用具等。

第九章 山鸡场的经营管理

第一节 经营管理概念

一、经营

"经营"是筹划、谋划的意思。就是谋划怎样把现有的人力资源、物力资源、财力资源合理的利用起来，确定生产的内容、生产量、生产方法以及选择确定市场等方向。经营至少包括以下两个方面的内容。

1. 经营思想与目标

经营思想是支配经营者进行生产经营活动的主导思路。生产经营者在商品生产过程中，树立怎样的经营思想，是关系到企业兴衰成败的大问题。经营思想必须具有市场观念、计划观念、竞争观念、效率观念、时间观念、创新观念及用户至上观念。

经营的目标是指企业生产经营的发展方向和应达到的水平，也就是在一定历史时期内经营活动的奋斗目标。它是在经营理念和经营方针指导下，根据企业外部环境条件和内部资源情况而确定的发展目标。通常用产量、产值、利润、品种质量、销售收入以及投资利用率等指标来表示。恰当的经营目标是企业经营活动产生激励和推动的因素，又是考核企业经营效率和成果的标准，企业应按不同时期的生产任务、发展方向和主客观条件确定经营目标。目标应简单明了，易被广大生产者所理解，能够激发他们的积极性。经营的目标包括：企业发展目标、市场目标、利润目标及革新目标等。

2. 经营预测与决策

经营预测是对企业经营过程中各种不确定因素及其对经营总体

山鸡高效养殖技术一本通

的影响，进行科学的估计、判断和推测。如对企业经营环境和内在条件的变化、投入产出的经营成果等所进行的预测。经营预测是为经营决策提供科学依据。

经营预测的内容十分广泛，涉及生产经营活动全过程的各个方面，大致可概括为：生产和资源预测、科学技术预测、市场预测和经营成果预测等。

经营决策是对企业的总体发展和各种重要经营活动的目标，以及实现这一目标的途径、措施等具体行动方案，作出正确的选择和决定。

决策的基本特征是：决策是面对未来的；它对实际经营活动有直接指导作用；决策必须在掌握大量信息的基础上，经过系统研究、分析评价，最后作出判断。它的作用如下。

① 经营决策是企业生存、发展和获得经济效益的关键。决策一旦选错，就会造成管理活动的失误，危及企业的生存和发展。

② 经营决策贯穿于经营管理的全过程，是管理的核心。

③ 经营决策规定了企业一定时期内的发展前途和目标，是动员和组织生产者进行生产活动的行动纲领。

二、管理

"管理"是管辖、治理的意思。它可以分解为：计划、组织、指挥、调节、监督、控制等六项基本职能。这六项职能各自都有独立的作用，但又互相联系、密切配合，形成了一个整体的管理体系。管理的内容是多方面的，归纳起来有计划管理、生产管理、技术管理、科技与信息管理、物资管理、财务管理及劳动管理等。随着社会主义市场经济的发展，需要经营者根据自己的条件，认真解决资金的筹措和使用，劳动力如何分配，生产项目如何选择，怎样搞好成本核算，实现高产、优质、低耗、高效益等问题。如何加强自身的经营管理呢？

① 强化商品意识，重视经营管理。以市场为导向组织生产，生产适销对路的产品，既重视产品技术含量，又重视经营管理。

② 重视收集信息，商品生产一刻也离不开信息，市场的需求、

价格的变动、新技术的采用、生产项目的选择，都需要掌握信息才能确定。只有科学地运用信息，才能掌握生产经营的主动性，克服盲目性。

③ 制定符合自己实际的经营目标和经营计划，有步骤地推进各项管理，合理地组织生产过程。

④ 搞好记账和核算工作，使资金和财务活动清楚可查，盈亏得失可以分析原因，能够及时调整生产，不断地提高经济效益。

⑤ 努力学科学、学技术、提高经营管理能力，做到懂生产、会管理、善决策。生产者不掌握管理技术，即使有好的生产项目、过硬的生产技术，也不可能实现预期的效果。

第二节　计划管理

一、计划管理的涵义

计划管理就是通过编制和执行计划来管理经济的一种基本方法。具体地说它是运用计划来组织、指挥、监督和调节经济活动的一项手段。计划管理和其它管理工作是不可分割的。通过制定和实施计划，可以安排好资源的合理利用，达到用最少的消耗，生产出最多的产品。

实行计划管理可以避免盲目性，保证实现预期的经济目标，可以展现美好前景，动员全体成员，唤起他们的责任感，增强实现目标的信心，为实现目标而积极努力。

二、计划的分类

计划一般分为长期计划、年度计划和阶段性计划。它们有不同特点，起着不同的作用，它们之间是互相联系、互相补充的，由此构成计划体系。

1. 长期计划

长期计划就是在未来几年内使企业发展到什么程度，一般五年计划一次。长期计划是企业发展的纲领性计划，从战略上和总体思路上规定出企业的方向、规模、速度和可能达到的经济目标。主要内容有：企业的经营方针、策略；种鸡群的数量与增量速度；商品鸡的生产量；规定各项生产指标；基本建设的发展计划；实现上述目标所采取的基本措施，例如资金的筹措与利用、人才的培养和产品开发等。

2. 年度计划

年度计划要比长期计划细致一些，从战役上规定出年度内的工作要点和奋斗目标，使长期计划的内容更加具体化。其中包括年度内生产计划，例如计划产蛋数、孵化率、育雏率、育成鸡数、并详细制定完成计划的具体措施；制定产品销售计划，例如销售量、销售渠道、销售收入与利润指标；年度基本建设计划；物资供应计划，例如饲料、用具等；劳动力利用计划，主要是指劳动力的分配与平衡，临时用工的数量与来源等；财务计划，例如资金周转与利用，成本核算，信贷等；收入分配计划，例如积累、奖金、福利基金等。

3. 阶段性计划

就是将年度计划分解到各个季节或月份，并制定本阶段相应的生产、经营的具体计划与实施办法，其内容比年度计划更加细致，具有执行计划的性质。

三、年度生产计划的编制

山鸡的年度生产计划主要包括基础种鸡计划、产品生产计划、饲料计划、消耗用品计划及卫生防疫计划等。

1. 种鸡饲养计划与产蛋计划

根据市场需要决定饲养的品种类型，根据人力、物力、资金等条件决定养殖规模。假如某场饲养品种为"七彩山鸡"，以生产肉食用商品山鸡为主，年初打算养1000只种母鸡，按种母鸡与种公鸡比例为4∶1，应该饲养种公鸡250只。下一步作产蛋计划（表9-1），按入舍母鸡数计算每只母鸡产蛋平均80枚，1000只种母鸡产80000枚蛋，种蛋合格率应为97%左右，最后得到合格种蛋77600枚。

表 9-1　年度产蛋计划表　　　　年　月　日

产蛋月份	3	4	5	6	7	8	累计平均
月初母鸡数/只							
平均母鸡数/只							
总产蛋数/枚							
平均产蛋数/枚							
种蛋数/枚							
食用蛋数/枚							
破损蛋数/枚							
种蛋合格率/%							

2. 孵化计划

七彩山鸡孵化时间为 4 月中旬至 7 月中旬，一年孵化 12～13 批次，随气温的升高，孵化效果逐渐下降。根据以往资料证实，全年平均种蛋受精率 86%，受精蛋孵化率为 88%，总孵化率 75.7%，根据以上数据作出孵化计划表（表 9-2）。1000 只种母鸡产出 77600 枚合格种蛋，经孵化后获得 58743 只山鸡雏，健雏率一般为 96%，可获得健雏 56393 只。

表 9-2　孵化计划表　　　　年　月　日

批　　次	1	2	3	4	5	6	7	8	9	10	11	12	13	累计平均
入孵日期(月、日)														
入孵蛋数/枚														
受精率/%														
孵化率/%														
出雏总数/只														
健雏数/只														
健雏率/%														

3. 育雏和育成计划

0～4 周龄时，育雏成活率为 85%，育成期（5～18 周龄）的育成成活率为 90%。根据这两项指标，作出商品鸡的产量表（表9-3)。按以上资料经计算，0～4 周龄的育雏期成活数应为 47934只；到 18 周龄时，应获得商品鸡 43140 只。

表 9-3　育雏和育成计划表　　　　　年　月　日

鸡舍号	饲养阶段	期初数/只	增加/只		减少/只			期末数/只	备注
			转群	购入	转出	淘汰	死亡		

4. 饲料供应计划

各个饲养期的配合饲料，因各种原料饲料的种类和比例不同，价格差别较大，并且各个饲养时期的山鸡采食量是不同的，雏鸡不同时期的饲料消耗标准见表 6-3 和表 6-4。计划饲料供应时，应按照种鸡、幼雏鸡、中雏鸡、大雏鸡不同饲养时期的个自平均数，分别计算各饲养时期的饲料用量，列成饲料计划表（表 9-4)。按入舍时间的要求准备饲料。以七彩山鸡为例，种山鸡平均每天消耗量70 克，幼雏鸡至 4 周龄时每只累计耗料 336 克，中雏期养到大雏期（5～18 周龄）每只累计耗料 6069 克。

表 9-4　饲料供应计划表

饲养时期	入舍日期	群只数	饲料名称	期只耗料/千克	期群耗料/千克	期群累计/千克

按以上资料，幼雏鸡平均数为 52160 只，耗料量为 17.53 吨；大雏鸡平均数为 45537 只，耗料量为 270.36 吨；种山鸡年内成活率为 82%，年内平均数 1137 只，耗料 29.06 吨。这样饲养 1000

只种母鸡，250 只种公鸡，经孵化育雏、育成等生产阶段全场需要饲料量应为 317 吨。这指的是配合饲料的用量，还要根据各饲养阶段日粮的配方，算出各种原料的用量。根据入舍日期计划出需用的时间。根据饲料单价和饲料需用量，应计划出各饲养阶段所需要的饲料费用。

5. 其它方面的生产计划

① 消耗用品计划　主要有燃料、油料、垫料、低值易耗品、设备更新和维修材料等计划。

② 卫生防疫计划　包括全年注射疫苗计划、卫生消毒计划、卫生防疫用材和治疗用药计划等。

③ 成本核算计划　支出计划中包括种山鸡饲料费、商品鸡饲料费、防疫药品费、人工费、水电费、低值易耗品费、设备折旧费、燃料费、设备维修费、差旅费、招待费和场部管理费等。收入计划主要包括售出商品鸡、种蛋、种雏、鸡粪等。

第三节　生产管理

一、生产管理的意义和任务

生产管理是企业领导者或管理人员对生产计划、生产组织、生产指挥与协调、生产监督与控制等方面的管理过程。恰当的管理可以维护企业活动的正常秩序，充分发挥劳动者的工作积极性，达到提高工作效率和经济效益之目的。

生产管理简单地说，就是领导者对企业人、财、物的管理与使用。在生产管理中要合理的组织劳动力，做到分工合理、责任明确、按劳取酬，最大限度地提高劳动利用率和劳动生产率。教育职工受岗竞业、互相帮助、有协作精神。企业领导者应树立"以人为本"的经营理念，不但会用人，更要关心人、受护人，解决职工的工作、学习、生活中的困难，不断增加劳动者的收入，提高其生活水平，使职工与企业存在难以割舍的关系。

企业应加强科技管理，鼓励职工科技创新，建立健全规范化工作程序，每个工序都要有科学的操作规程。加强职工岗位技能教育，使之不断地学习和掌握新技术，不断提高产品质量。

加强财务和物质管理，活化资金和提高物资使用效率，达到增收节支、提高生产效益的目的。

合理的规章制度是生产管理不可缺少的要素。为保证生产秩序正常运行，每个工作岗位都要有相应的管理制度，将劳动生产纳入制度化管理轨道。

总之，生产管理就是以生产活动为中心，对劳动、质量、财务、技术、设备、安全、环保等的全面管理。各项管理内容都包含有技术管理和制度管理，只要抓住了这两项就是抓住了生产管理症结所在。

二、技术管理

技术管理工作是生产管理的主要内容之一，是实现生产计划的重要措施。至少包括以下几个基本任务。

1. 建立技术操作规程

山鸡生产分为若干项工作内容，为顺利完成工作任务，在生产的每项工作中都要制定规范的操作规程。

山鸡场技术质量要求操作规程主要有：种山鸡饲养质量要求和操作规程；山鸡蛋孵化技术指标与操作规程；育雏期饲养技术要求与饲育操作规程；育成期饲养技术要求与饲育操作规程；饲料的保管加工配制质量标准与操作规程；山鸡选种质量要求与操作程序；山鸡场卫生防疫操作程序；山鸡检疫、免疫与驱虫操作规程；鸡舍及用具消毒实施细则等。

2. 做好各项生产记录

各项生产记录是生产管理不能缺少的内容。应做好山鸡产蛋记录、育种记录和孵化记录，详细记载山鸡的种蛋受精率、孵化率、雏鸡成活率和生长发育；做好饲料消耗记录；做好鸡群周转记录、配种记录、防病灭病工作记录等。通过这些生产记录，与历年生产状况进行比较，肯定经验，找出教训，不断提高生产水平。

3. 重视新技术的推广应用和科技信息的收集

"科学技术是第一生产力"已众所周知。学习和掌握养鸡新技术可以改变旧的生产方式，能最大限度地提高经营管理的效果。

科技信息的收集也是技术管理重要组成部分。山鸡场应建立必要的科技信息机构，建立科技档案，收集行业内的生产、销售、新技术、新设备等各方面的信息与情报，将其分类整理，为企业发展提供技术支撑。

4. 加强技术队伍建设

科技的进步与发展，要求所有员工应不断学习和掌握新技术，每年都要组织技术培训，分为全员培训和岗位培训，全员培训就是要求全体员工应该掌握的知识，岗位培训就是本岗位的员工应掌握的新知识新内容。不管那种培训都是为了提高生产效率，创造更大的经济效益。

三、制度管理

俗话说："没有规矩不成方圆"。因此每一个企业都要建立自己的规章制度，通过规章制度和劳动纪律来约束和管理职工的工作行为，实现工作秩序正常化，提高经营管理效果。应建立哪些规章制度要从本场实际情况出发，没有一个固定的模式。一般情况下，每个工作岗位都要有相应的管理制度。

（1）通用于任何岗位的制度 主要有考勤制度；出入场消毒制度；安全生产管理制度；生产工具领用管理制度；环境卫生管理制度等。

（2）山鸡饲养方面的制度 主要有山鸡谱系与育种管理制度；孵化工作制度；育雏工作制度；山鸡饲养管理技术规范；饲料加工室工作制度等。

（3）疾病防治工作制度 主要有卫生防疫管理制度；疫情报告制度；山鸡检疫、免疫及消毒制度；山鸡死亡尸体处理规定等。

（4）物资管理制度 主要有物资采购管理制度；物资仓储管理制度；饲料仓储管理制度；兽药疫苗管理制度等。

（5）其它管理制度 主要有财务管理制度；机电动力设备使用

管理制度；文件档案管理制度等。

第四节　劳动管理

一、劳动定额

　　劳动管理是对劳动力使用过程中的组织、指挥、监督和调节，以实现劳动资源的合理利用。为充分发挥劳动者积极性，科学的方法是实行劳动定额管理。劳动定额就是完成一定工作量所消耗劳动数量的标准。

　　劳动定额必须是先进的、可行的，不能定得过低或过高。劳动定额指标即要有数量要求又要有质量要求。劳动定额应简单明了，便于群众理解和运用。

　　山鸡场要对种山鸡的饲养、育雏和育成鸡的饲养、人工孵化等环节均应制定劳动定额。种山鸡的定额因饲养阶段不同而有所差异，非繁殖期每个饲养员应饲养 600 只，产蛋期饲养 300 只为宜。育雏期的饲养定额因育雏方法而定，立体育雏时每个饲养员每天应饲养 4000 只左右，平面育雏应饲养 2500 只左右。中雏期每天每个饲养员应饲养 2000 只；大雏的饲养定额同种山鸡非繁殖期。山鸡蛋的人工孵化定额，要按孵化器具先进程度而定，使用全自动孵化器在整个孵化期每人可管理种蛋 3 万枚，半自动孵化器每人可管理 2 万枚，火炕孵化每人只能管理 1 万枚。饲料的粉碎与配制每人每年可以完成 100 吨左右的工作量。

二、劳动组织

　　凡是有人从事生产劳动的地方都有劳动组织。所谓劳动就是把劳动力在空间上、时间上有效地组织起来，使劳动者的生产劳动过程成为一个协调统一的整体，充分发挥劳动者的技能和积极性，提高劳动利用率。劳动组织的原则是：劳动内容分工合理、明确；有利于发挥团队协作精神；有利于提高劳动生产率；在利于贯彻生产责任制。

根据当前山鸡生产特点和饲养规模来看，各地的山鸡饲养场大多为小型养殖场。其组织形式可以是在场长领导下，设立生产、财务、综合三个办公室，每个办公室管理若干个作业班组（图9-1）。

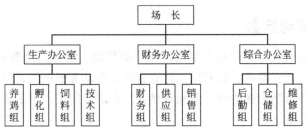

图9-1　山鸡场劳动组织结构图

其中养鸡组还可以根据山鸡日龄的区别和管理数量的多少分为1组、2组、3组等。孵化组属于季节性的，孵化期过后将其人员编入养鸡组。饲料组负责饲料加工、配制等工作；技术组负责养鸡生产技术指导的防疫、治疗等工作。财务组负责资金筹措、资金管理与成本核算等。供应组负责物资供应，销售组负责种蛋、种雏、商品鸡销售等。后勤组负责职工生活福利、环卫等。仓储组负责各种物资管理工作。维修组负责全场各种设备与厂房的维修工作。

三、生产责任制

生产责任制是把生产任务和工作落实到单位或个人，做到各司其职，各负其责，实行奖励机制，把生产经营成果与劳动报酬联系起来。

（一）生产责任制的形式

生产责任制可以有多种组织形式，可根据山鸡的饲养规模而定。当前山鸡场大多为小型企业，多为班组集体承包责任制或个人承包责任制两种。有些生产任务必须由多人协作才能完成，很难区分每个人工作量的大小，这种情况下就应由几个人集体承包。有些工作可以一个人单独完成，还是个人承包为好。例如孵化、饲料加工调制等工作，多以班组形式承包；而育雏和种鸡饲养可以个人承包。按承包时间长短划分，有常年承包和阶段性承包，如种鸡饲养、饲料加工、卫生防疫、后勤服务等工作宜长年承包；孵化、育雏等工作属于季节性生产，只能按这一阶段工作内容进行承包，所以这一阶段的生产效益必须记载清楚，作为包、定、奖的依据。

（二）生产责任制的内容

当今比较成熟的是包、定、奖生产责任制。

1. 包

是指承包单位对财务计划的承包。这是衡量完成任务情况的尺度，是奖罚的根据，是生产责任制的核心。承包的内容主要有包产量、包产值、包利润等。包产量主要有产蛋量、商品鸡生产量等；包产值就是指承包单位应创造的收入；包利润是指产值去掉成本及其它消耗后，剩余的经济价值。这是一个衡量经营效果的综合性指标，也是奖罚的依据。

2. 定

是指实现承包目标的主要措施。主要有定人员、定工具、定鸡群、定生产指标及定费用等。定人员，就是根据生产任务配备人员，在承包期内不应随意变动；定工具，就是根据生产需要固定工具，明确使用期限、损失赔偿、节约分成；定鸡群，就是定谁饲养了某一群鸡，中途不能更换，一养到底；定指标，就是定出种蛋合格率、孵化率、成活率等指标；定费用，主要是定饲料费、物资耗用费、设备维修费等。

3. 奖

就是鼓励的意思。如果生产者超过利润指标，就要从利润中提出一部分资金作为奖励。如果没有完成利润计划，就要从工资中扣除一部分，作为罚金。

（三）贯彻生产责任制应注意的问题

生产责任制一经确立，场方就要与职工方签订生产经济合同。按不同工种、不同生产时期签订不同内容的合同。生产经济合同具有法律效力。明确合同的起止时间、生产指标与经济指标，实现合同的具体措施，签约双方的权利和义务、违约责任及其处理办法等。分阶段或年终一次性对合同进行检查与兑现。

贯彻生产责任制是为了鼓舞劳动者的生产积极性，所以确定的指标应积极可靠。只要留有余地，使职工经过努力，达到有产可超、有奖可得的目的。奖励的原则是奖多罚少，奖励政策一经通过，不可轻易变动。如果大多数职工完不成任务而受罚，那就要查找原因，不是指标定的不合理，就是遇到了自然灾害，应该重新审视承包计划调整奖罚措施。有些生产项目是无法用经济技术指标衡量的，他们的奖金就要参照一线工人奖金额的中等水平进行上下浮动。

第五节　财务管理

一、财务计划与管理制度

1. 财务计划

是对山鸡场财务活动中的资金、费用和盈亏所进行的计划管理。财务计划反映了企业在计划期内生产经营活动中应取得成果及其消耗，各项资金的来源与使用，以及企业与国家之间的缴拨款关系等。财务计划是通过一系列表格来体现的，这些表格有：利润计划表、流动资金表、成本计划表、专用基金计划表、专用拨款计划表、财务计划总表等。

财务计划是根据上级主管部门的要求，结合本企业的实际情况编制的，最后报上级主管部门审核，进行合理的平衡和调整，批准后实施。

2. 财务管理制度

是企业财务管理工作必须遵守的规矩和准则。财务管理制度是国家以条文形式规定下来的各企事业单位共同遵守的章程。按其适用范围的大小分为：全国统一性的财务管理制度；地域性财务管理制度；企业内部的财务管理制度。制定财务管理制度的目的就是要组织好财务活动，完成财务管理工作。要建立财务管理岗位责任制，包括财务主管人员、财务稽查人员、一般财会人员、出纳人员等岗位职责。要建立群众理财制度，有利于财务活动与生产活动紧密结合，加强群众性财务监督，共同为增收节支作出贡献。

二、资金管理与成本管理

（一）资金管理

1. 固定资金的管理

固定资金是固定资产的货币表现。固定资产能多次参加生产而不改变其实质形态，固定资金随着固定资产的磨损、消耗，转移到成本中去，通过产品转化为货币得到了补偿。通常价格在 500 元以上，使用期限一年以上的为固定资产，有些设备价值低于 500 元但是可以多年使用的，也可列为固定资产。属于价值较低，经常消耗的材料，一般列为低值易耗品。固定资金的管理体现在固定资产的管理上。固定资产的管理首先编制固定资产目录，定期对其清查盘点，及时反映固定资金的增减变化；第二，建立健全固定资产使用、检查、维修、保养制度，提高固定资产的利用率；第三，正确计算固定资产的折旧，保证固定资金得到补偿，实现固定资产的更新重置。

2. 流动资金的管理

流动资金是指在生产经营过程中用于购买原材料、支付工资和其它费用，是正常生产经营活动的必要周转金。按流动资金构成，分为贮备资金、生产资金、成品资金、货币资金、结算资金等。流动资金以货币形态开始，通过供应、生产、销售三个阶段的不断变换，最后又回到货币形态，这就是流动资金的循环过程。生产不停，循环不止，流动资金周转越快，说明企业经营得越好。流动资金的日常管理应做到：一要加强物资采购的计划性，防止盲目采购造成积压；二要经常清仓查库，减少贮备资金的占用；三要合理利用各种物资，积极处理积压物资，降低消耗；四要拓展产品销售，及时结算，减少成品资金和结算资金占用；五要严格遵守现金管理制度，建立现金出纳手续，加强货币资金管理。

（二）成本管理

产品成本是生产过程中所发生的各种消耗的货币表现，是衡量经营管理质量的综合性指标。成本分为单位成本及总成本。成本中包含以下几种费用：工资和福利费；饲料费；燃料和动力费；防疫费；固定资产折旧费；房屋设备维修费；低值易耗品；其它直接费；共同生产费；企业管理费等。降低成本的途径主要是提高劳动生产率，减少饲料与各种物资的消耗，提高设备利用率，减少单位产品中的折旧费和机械作业费，严格控制间接费用，大力节约非生产性开支。

三、经济核算与经济活动分析

（一）成本核算

它是经济核算的中心，是生产经营好坏的综合指标。在产品价格不变的情况下，成本是决定盈亏的主要因素。通过成本核算来审核和控制生产费用的支出，促使经营者有效地使用人力、物力和财力，节约生产费用，降低生产成本。山鸡场应按销售产品的种类，分别计算成本。在核算中要对产品的总成本、单位成本、成本降低额和降低率等指标进行计算和考核。山鸡场成本核算计算方法如下。

$$商品鸡生产成本=年内该场生产费用=种山鸡饲养费+商品鸡自身饲养费$$

$$商品鸡只成本=\frac{商品鸡生产成本}{年内商品鸡平均数}$$

$$商品鸡饲养日只成本=\frac{商品鸡生产成本}{年内平均饲养只数}$$

$$种山鸡只成本=\frac{种山鸡饲养费}{种山鸡平均饲养只数}$$

$$种蛋成本=\frac{种山鸡饲养费}{合格种蛋数}$$

$$种雏鸡成本=\frac{种山鸡饲养费}{健雏总数}$$

山鸡高效养殖技术一本通

（二）利润核算

利润核算是全面反映山鸡场生产经营好坏的主要指标。通过这一核算，寻求增加利润的途径，提高盈利水平，在核算中要对利润额和利润率进行计算和考核。

1. 利润核算方法

商品鸡产品销售核算，包括商品鸡的销售收入、销售成本（指销售产品的生产成本）、销售税金、管理费等。销售成果的计算公式如下。

$$销售利润(或亏损)＝销售收入－销售成本－$$
$$销售税金－管理费(负数为亏损)$$

用同样的方法，可以计算出种山鸡、种蛋、种雏、粪肥等一些产品的销售利润。各种产品利润之和即为本企业总的销售成果。

2. 确定盈亏临界线

按以下公式计算每只商品鸡盈亏临界线：

每只商品鸡盈亏临界价格＝每千克饲料价格×每千克增重耗料量÷饲料费用占生产成本费的百分比÷成活率×出栏平均重

假如：每千克饲料价格3元，到18周龄时每增重1千克体重耗料5千克，饲料费占生产成本的70％，成活率75％，出栏平均重1.3千克，代入公式计算结果如下：

每只商品鸡盈亏临界价格＝3×5÷0.7÷0.75×1.3＝37.14元。说明，每只活山鸡市场价格高于37.14元可盈利，低于此则亏本。降低盈亏临界线的措施，不外乎降低饲料价格和提高商品鸡成活率。

（三）经济活动分析

经济活动分析就是利用会计学、统计学等科学的方法，研究企业的经济活动和经营效果，客观的评价各项经济指标的完成情况。

经济活动分析的主要内容大致有以下几个方面。

（1）检查经营状态 如经济责任制的落实情况，人力、物力、财力的利用效果等。

（2）分析生产计划的完成情况 主要有产量和经济技术指标的

完成情况和完成情况的原因分析。

（3）产值和利润指标完成情况　不但要考核主要产品的产值利润，指标是否完成及其原因分析，还要对次要产品、总的产值和利润都要做全面的分析评价。

（4）产品成本计划完成情况的分析　包括了主要产品和次要产品的成本核算分析。

经济活动分析的主要方法是用"比较分析法"。就是要了解报告期内经营状态、产量、产值、利润、产品成本等指标与计划目标相比较是降低了还是提高了，如果产量、产值、利润提高了，成本降低了，就说明经营状态是好的。分析法考察经济效果时也可以与上一年实际成果相比较，也可以与本场历史先进的指标相比；某一指标可以用总量相比较，也可用单位产量相比较；可以用绝对数值表示，也可以用相对数值表示。总之经多方面、多角度比较分析，更有利于找出差距和原因，进一步提高管理水平。

第十章 山鸡产品的加工利用

第一节 山鸡的屠宰

一、屠宰方法

宰前 12 小时应停食，给予充分饮水，以便放血完全，有利于保证屠体品质。屠宰方法主要有颈外宰杀法和口腔内宰杀法，都是要求割断颈静脉和桥静脉汇合处的血管。

1. 屠宰厂加工工艺

验收→断食休息→送宰→挂禽→宰杀→放血→浸烫→脱羽→冷却→拔细毛→剪肛门→拉肠→切头→割脚→分级

2. 主要工序说明

① 宰杀　机械宰杀，采用电麻法。通过电流，使鸡昏迷，血管和肌肉收缩，便于操作和放血。其过程是将鸡头放在电休克机的导电铝板上 3～5 秒，挂上架的活鸡立即进入电休克状态，20 秒后进入宰杀工序。

② 放血　屠体放血充分，有利于肉质细嫩，保存时间也长，放血时间 3～5 分钟，死透以后再浸烫。

③ 浸烫和脱羽　去大羽水温应保持在 60～63℃，浸烫 30 秒左右，浸烫脱羽机操作时要掌握好水温，水温过热会产生热烫现象，造成皮肤脱落，出现次品，水温过低产生冷烫现象，造成残羽拔除困难。

④ 拔细毛　脱完大羽的屠体，还要拔除残存的细羽毛。拔羽缸或桶内的水要清洁、流动，不断地溢出浮在水上的羽毛。

⑤ 开膛　在肛门口横剪一刀，长度约 3 厘米，以手指伸进肛门将鸡肠拉出，冲洗干净后再挖出肌胃、心、肝胆、脾等内脏。

⑥ 切头和割脚　从第一颈椎去头，从跗关节割脚。

二、屠体的分割

1. 半净膛山鸡

去毛、头、脚及肠，带翅、留肺及肾。另将心、肝、肌胃及颈洗干净，用塑料薄膜包裹后放入腹腔内。重量在 800 克以上，不分等级。

2. 全净膛山鸡

去毛、头、脚及肠，带翅，留肺及肾。重量在 700 克以上，不分等级。

3. 山鸡分割

① 山鸡翅　连皮带骨，每只重 70 克以上，不分等级。

② 山鸡胸　连皮带骨，每块重 280 克以上，不分等级。

③ 山鸡全腿　连皮带骨，每只重 200 克以上，不分等级。

④ 山鸡胸肉　去皮去骨，每块重 260 克以上，不分等级。

⑤ 山鸡腿肉　去皮去骨，每只重 150 克以上，不分等级。

商品山鸡质量要求：生长日龄在 150 天之内，活重在 0.9 千克以上，符合国家兽医卫生检验要求的无病鸡。胸部肌肉丰满，胸中部角度在 60 度以上，皮肤为乳白色或淡黄色。

第二节　山鸡肉的加工制作

一、扒山鸡

1. 选料及整形

选择健康、体重在 1～1.5 千克的当年新鸡，从颈部宰杀放血、烫毛，在耻骨前缘横切一刀，摘除内脏，用清水冲洗干净。将两腿交叉从腹部切口插入至肛门腔内，双翅向前由颈部刀口处伸进，翅尖从喙内伸出，造成卧体含双翅形态。

2. 炸制

将鸡盘制好以后，在体表涂以白糖或蜂蜜熬制的糖色，放入烧沸的油锅中炸 1～2 分钟，至鸡体呈金黄透红时捞出。

3. 配料

以 100 千克鸡为计量单位。大茴 0.2 千克、山柰 0.1 千克、小茴 0.2 千克、丁香 80 克、花椒 0.2 千克、草果 80 克、砂仁 60 克、豆蔻 0.1 千克、鲜姜 0.1 千克、肉桂 0.1 千克、白芷 0.1 千克、肉蔻 0.1 千克、桂皮 0.2 千克、红蔻 60 克、陈皮 0.2 千克、酱油 2 千克、精盐 2.3 千克。

4. 煮制

将小茴、花椒和压碎的砂仁装入沙布袋，随同其它材料一齐放入锅中，把炸好的鸡依次放入锅内并摆好，然后锅中放入一半老汤（如无老汤配料用量加倍）、一半新汤，使汤面高出鸡体，上面用竹篦或铁帘压实。先用旺火煮制 1～2 小时，后用小火焖煮 6～8 小时，最后在煮沸情况下出锅，即为成品。

5. 特色

外形优美、色泽金黄、鸡皮完整、微透红色、腿翅齐全，热时一抖肉即脱骨、凉后轻提骨肉分离，软骨香酥如粉、肌肉食之如面。

二、叫花鸡

1. 选料及整理

选健康的、体重在 1 千克左右的活山鸡，宰杀、燀毛、去爪，在一侧翼下切一 5 厘米刀口，除内脏，冲洗干净。用刀背将胸骨拍平，但皮不可破，放酱油中浸泡 0.5～1 小时，取出晾干。

2. 配料与调制

以 100 千克鸡为计量单位。精盐 0.7～1.0 千克、白糖 1.7 千克、熟猪油 3.3 千克、酱油 10 千克、水发香菇 1.7 千克、虾仁 1.7 千克、鸡肫 6.7 千克、猪肉丁（肥瘦各半）10 千克、葱、姜、八角、玉果等适量。

先将猪油放入锅内熔化，将葱、姜、八角、玉果等投入油中爆后，再加入香菇、虾仁、鸡肫、肉丁、白糖等配料，边炒边加小量盐、酒和酱油，炒至半熟后加入味精，混匀后出锅。

3. 填料与煨制

将炒好的不带汤的配料，从翼下刀口处填入腹腔内，把鸡头塞在刀口内，在鸡身上擦精盐 10～15 克，腋下各放丁香一粒，然后用猪皮将鸡体包裹好，再用浸泡过的荷叶把鸡体包成长方形，用绳扎紧，将调匀的酒坛泥均匀地涂在外面，两头可涂得厚一些，将泥用水抹光滑，再包上一层纸。

将包好的鸡放入烤炉或烤箱中，先用旺火烤半小时，基本把泥烘干后，改用小火，每隔 20 分钟翻一次，共翻四次，再用小火焖1 小时，煨制时间 4～5 小时。煨熟后除去干泥，剪断绳索，剥掉猪皮，再浇上麻油，加上甜面酱和葱丝即可食用。

4. 质量要求

鸡体应保持原形，皮色金黄透亮，腹藏配料，稍一抖动骨肉即离，入口肥嫩酥香，有特殊风味。

三、滑熘山鸡片

1. 配料

山鸡胸脯肉 150 克、水发木耳 25 克、油菜心 15 克、胡萝卜15 克、花生油 500 克（实耗 75 克）、酱油 25 克、料酒 10 克、味精 1 克、姜水少许、水团粉 15 克、蒜适量、葱少许。

2. 制作

① 先将鸡胸脯肉横切成长 5 厘米、宽 3 厘米、厚 0.5 厘米的片状，用开水汆一下备用。

② 水发木耳摘洗干净，油菜心片成片，胡萝卜顺丝切成厚0.3 厘米的菱形片，葱切丝，蒜切片，混在一起用水汆一下，备用。

③ 将木耳、油菜心、葱丝、蒜片、酱油、料酒、味精、盐、姜水、水团粉和适量的水，勾成芡汁，备用。

④ 炒勺内加花生油，在旺火烧七八成热时，将汆过的胸脯肉片下油勺滑过，熟透后倒入漏勺，炒勺回旺火，留底油，加入胸脯肉片、木耳、油菜心片、胡萝卜片，颠勺 3 下，随即把芡汁倒入，搅拌均匀，淋入少许明油即成。

3. 特色

颜色鲜艳，肉白菜青。肉味嫩滑适口，鲜香不腻。

四、绣球鸡肫

1. 配料

山鸡肫 500 克、肥瘦猪肉 100 克、葱 20 克、姜 10 克、桂皮少许、八角 2 克、丁香少许、花椒 2 克、砂仁少许、草果少许、酱油100 克、白芷少许、料酒 30 克。

2. 制作

① 先把鸡肫切成两半，撕去里面的黄皮，用水洗净，再每隔0.3 厘米划刀纹，用沸水焯过。猪肉切成 4～5 片。

② 将葱、姜、花椒、砂仁、桂皮、八角、白芷、丁香、草果用净布包好，与鸡肫、猪肉、清汤、酱油、料酒一起放入锅内，用旺火烧开后，撇去浮沫，小火煮熟，捞出鸡肫装盘（不用汤和肉）。

3. 特点

鸡肫形似绣球、味美鲜香、软而有劲。

五、香酥山鸡腿

1. 配料

山鸡腿 4 只，调料有植物油、葱段、姜片、胡椒粉、红糖、酱油、米酒、蚝油、醋、香油各适量。

2. 制作

① 将山鸡腿洗净，用牙签在皮上扎些小洞，放入容器中，将一部分调料倒入拌匀，腌制 1 小时备用。

② 在微波炉专用烤盘上刷油，放上腌好的山鸡腿，再刷上适量调料，以微波高火加热 8 分钟。

③ 再刷一次调料，以微波高火加热 5 分钟。

④ 将鸡腿翻面后，再一次刷上调料，以微波高火加热 4 分钟即可。

3. 特点

外焦里嫩，香酥可口。

第三节 山鸡蛋的贮藏与加工

一、鲜蛋的贮藏

(一) 冷藏法

就是利用低温来抑制微生物的生长繁殖和蛋内酶的活性，延缓蛋内容物的变化，从而达到保持蛋的新鲜度之目的。冷藏贮蛋的方法有冷藏库贮蛋、冷风库贮蛋、山洞冷库贮蛋。冷藏条件以温度-1～0℃，相对湿度80％～85％为宜。冷藏间存放蛋前要消毒、通风。冷藏前还要将蛋预冷，以防止骤然遇冷，蛋的内容物收缩，吸入空气中的微生物和导致库温上升，引起蛋表面凝结水珠。在贮蛋过程中，切忌将山鸡蛋与蔬菜、水果、水产品等有异味的其它商品同存一库。出库时，应将蛋放在专门的房间内，使蛋的温度慢慢升高，防止蛋表面凝结水珠。

(二) 浸泡法

1. 石灰水浸泡法

此法费用低廉，方法简便，材料易得。配制方法：生石灰1.5千克、清水9千克混合，搅拌，使石灰充分溶解于水中，静止，取上清液于另一容器中，作为贮蛋液。采用石灰水法贮蛋，必须严格选蛋，不允许破损或变质蛋混入，否则随着蛋的腐败变质，会使整个容器中的石灰水变得混浊或变臭，危及其余好蛋。加入蛋后，石灰水以没过最上层蛋10～20厘米为宜。贮蛋期间石灰水温度控制在15℃以下，蛋可保存5～6个月。

2. 泡花碱贮蛋法

目前我国使用3.5～4波美度的泡花碱溶液贮蛋，在20℃室温条件下可保持4～5个月不变质。配制方法：泡花碱和水的配比要根据泡花碱的浓度而定。一般1波美度可配水0.27千克，一般多选用56波美度规格的泡花碱，按上述比例的泡花碱水溶液配制即可。浸泡过程与方法同石灰水浸泡法。

（三）涂布法

大多采用液状石蜡保鲜。其原理就是用涂布剂堵塞了蛋壳表面的气孔，防止水分蒸发和微生物的侵入。涂布前要对蛋先进行消毒。方法是将选出的蛋浸入盛有石蜡的容器里 1～2 分钟，取出放另一个空盘上沥干，放在将装有紫外灯的密闭室内，使蛋壳上的石蜡与紫外灯发出的臭氧产生氧化作用，在蛋壳表面形成一层薄膜，这种薄膜有很强的杀菌作用，此法贮存可使鲜蛋 8 个月不变质。

（四）巴氏杀菌法

将蛋放入 95～100℃沸水中浸泡 5～7 秒钟取出，可杀死蛋壳表面的细菌，使蛋表面形成一层极薄的蛋白膜，可以防止细菌的入侵，防止蛋内水分蒸发。通常情况下室内保存 3 个月不变质。

二、山鸡蛋的加工

（一）无铅皮蛋

1. 粉料的制作

粉料由粗盐、食用碱、生石灰组成。粉料的制作过程：①先将食盐放入铁锅内炒干。开始时有轻微的爆裂声，继续翻炒，爆声停止，说明已干，取出研细备用；②将食用碱放入铁锅内加热熔化，熔化后继续翻炒，变成干粉，取出研细过筛备用（一般每千克食用碱可炒成干碱粉 300 克左右）；③选择块状生石灰，稍加水淋湿，使其自行开裂成粉状，过筛备用；④将干盐粉、干碱粉、石灰粉按 4：5：6 的比例充分混合，再放入锅中加热，使之呈干热状态。

2. 粘泥、滚粉及装坛

将适量黄土用水搅和成稀薄的泥浆，泥浆的稠度以放进蛋后，半个蛋身在上面，半个蛋身浸入泥中为准。将新鲜的山鸡蛋洗干净后放入泥浆中，粘一层薄薄的泥浆，取出放在已混合均匀的、加热的粉料中，轻轻滚动，使其表面滚上一层厚度约 2 毫米厚的粉料（约 1.5 克重）。取出，摆放入坛，用黄泥稍加点食盐密封坛口。放 20～25℃的温度下成熟。一般经 20～30 天即可变成皮蛋，随食随取，非常方便。

3. 包泥贮存

为了长期贮存，皮蛋成熟后出坛，去掉壳上的粉料，用黄土和成泥包在蛋上，再在稻壳中滚动一下，使之粘匀稻壳，重新放入坛中，继续成熟一段时间，可增加其风味。

（二）五香山鸡蛋

1. 原料

山鸡蛋 100 枚，食盐 70 克，茶叶 70 克，酱油 300 克，八角茴香（大料）20 克，水 3000 毫升。

2. 制作方法

① 将山鸡蛋、食盐、茶叶、酱油、八角茴香放锅中，加入清水。加热煮沸 5 分钟，用漏勺将山鸡蛋捞出，放在盆中冷却。

② 将冷却后的山鸡蛋轻轻向桌面敲击，使蛋皮产生裂纹。将敲击后的山鸡蛋再放入原料锅中，用小火煮沸半小时左右，使盐分与香味慢慢渗入蛋白中，并达到蛋黄的外围。但不易达到蛋黄的中心，原因是，经过煮沸，蛋白凝固，致使盐分向内渗透困难。

③ 煮好的蛋，夏天放在室内，可保持 3 天品质不变。但是每天要煮沸一次，防止细菌繁殖引起蛋的腐败。春秋可保持 7 天，冬天可保持 15 天不变质。

第四节　山鸡皮毛的加工利用

一、成年山鸡标本的制作

（一）取材

成年山鸡在繁殖季节羽毛最为华丽，富有光泽，公山鸡脸上长出通红的肉垂和矗立的耳羽簇，尾部发育也很好；母山鸡的脸也长出一圈红色的眼圈，也具有较高的观赏价值。此时期采集的标本令人赏心悦目。采集的标本必须羽毛完整、洁净、新鲜、光滑，特别注意嘴、眼、腿脚的外表无缺陷，性别特征明显，尾羽不得有折断或缺损。采集后对其认真测量，记录其体重、颈长、颈粗、体长、翅长、腿长、腿粗、尾长、胸高、胸宽等体尺，在制作标本整形时需要参考这些数据。

宰杀时用口腔宰杀法，放血时不得将血液、污物粘到羽毛上，更不要碰掉羽毛。

（二）剥皮

先用棉花塞住口腔和肛门，防止剥皮时内容物污染羽毛。剥皮时，从胸部开始到腹部肛门前端，沿腹中线划开皮肤，切记不要伤及羽毛。皮肤划开后钝性剥离皮肤。先向后面和向背侧面剥离，当剥离到腿部时，左手捏住跗蹠骨部位向内推出胫骨，使膝关节突出来，在膝关节处剪断，使股骨以下的骨骼与躯体脱离。另一侧也照此进行。两腿部与躯体脱离后，向肛门和尾部剥离，从直肠末端将直肠剪断，在尾椎骨的末端将尾椎骨剪掉，尾部可脱离躯体。然后再向躯体的前面和背面剥离，剥离到肩部时，剪断肩关节，使翅膀与躯体分开。接着向颈部剥离，当露出头骨时，左手抓住颈部，右手持刀剥离头部的皮，见有白色的薄膜，表明已剥到外耳孔处，将耳膜割断，向前剥至眼眶周围时，沿眼眶周边将眼膜与眼眶分离，使眼球全部露出，一直剥到喙的基部为止。皮与头骨要保持连接状态。这时从第一颈椎沿枕骨剪断，使头与躯体分离，剥皮工作已基本完成。当头与躯体分离后，剖开腹部，小心地拉出食道、嗉囊、内脏，勿使黏液、粪便沾到羽毛上。必须记住，在剥皮时应边剥离边在皮里面撒上一些石膏粉或滑石粉。

（三）去肉与防腐

去肉就是把留在骨骼上和皮肤上的肌肉、脂肪等软组织清除干净。头部去肉时，用镊子夹棉花从枕骨大孔塞入脑腔，挤出脑组织并擦净脑腔，摘除眼球、舌及脑壳周围的肌肉和软组织。翅膀去肉时，先将肱骨提起，剥离周围的皮，剔除肱骨上的肌肉，再将其送入皮内，然后把翅膀内侧朝上，自肘关节下沿尺骨和桡骨中间开一条缝，剔出此处肌肉。腿与趾部的去肉，胫骨上肌肉的去除方法与肱骨相同，对于跗蹠骨部位的筋腱也要去除，通常在脚掌中心的脚垫上开一小口，用带钩的铁丝从开口处伸入跗蹠部位，钩出筋腱和肌肉。尾部的处理，用剪刀剪去尾骨和尾根部肌肉、脂肪、尾脂腺，但要注意防尾羽脱落。

防腐固定可以凝固蛋白质，制止微生物的腐败，防止羽毛脱落，使标本长期保存。防腐固定，就是将防腐剂涂抹在皮的里面和各种骨骼的外面。防腐剂的配制是硼酸粉 130 克、樟脑粉 60 克、煅明矾粉 60 克，混匀。对于不易涂刷防腐剂的脚趾部位，应浸泡在浓度 75％的酒精 2～4 小时即可。

（四）装置

1. 做假体

通常用柔软的革、竹丝或木丝为材料，按照躯干体的形状，捆绑出形状相仿的假体，假体大小，要比实体小 1/4 或 1/3，便于安装和整形。

2. 穿插与固定

用六根铁丝串连法，分别支撑头颈部、尾部、双翅和双腿。先分部位做假体，然后将各个假体组装起来。铁丝的粗细，头颈部用 10 号铁丝，翅膀和尾部用 12 号铁丝，腿部用 8 号铁丝。为便于穿插，铁丝的末端要磨成尖形。

①颈部　用棉花在铁丝上缠成一个圆柱形的假体。这个假体要实不要虚，用细线缠绕起来，颈部假体要比实体短些、粗些。

②头部　先用黏泥填平眼窝，并用黏泥加少量棉花将脑腔充满，把颈部假体上的铁丝，从头骨下方上颚后侧插入枕骨大孔，塞固于脑腔内。将头颈部的皮褪回来，使羽毛朝外，再用镊子剥出眼眶，使左右对称。

③翅膀　将铁丝从皮内面穿插，经过肱骨、尺骨、桡骨至指骨。把穿插好的铁丝按照各个关节的自然状态进行弯曲。然后，用线或金属丝把穿插的铁丝与各个骨段连固起来。

④腿　把铁丝从脚掌心插入，贴跗蹠骨后侧经过胫骨穿入皮内，两端各留一部分铁丝，做固定用，穿好后，用线把铁丝和胫骨连固在一起，用棉花缠卷在胫骨上，代替肌肉。最后把皮褪回来伸展摆正。

⑤组装　先把颈部的铁丝贯穿假体的中央，翅膀部位的铁丝

分别从假休前方两侧横穿，尾部铁丝从下覆羽和尾羽插入皮内，纵穿在假体中，这六根铁丝就与假体连成了一个整体。把皮顺展摆正，并要向横宽方向伸拉，以矫正在剥皮时皮的纵向伸拉。

3. 填塞与缝合

填充物为棉花。填充时要把山鸡的胸、腹、背、长短、肥瘦等特征填出来。一般规律是嗉囊部位要少填、胸部要丰满、腹部要填起、背脊部要显示、腿部要丰满、形象要逼真。应少填勤填，这样才能把细微的地方显示出来。填充的松紧虚实要掌握适当。

填充、缝合、顺羽是彼此交替进行的，填充一部分，缝合一部分，顺羽一部分。缝合的方法是从皮内面向外穿针，针距要相等，以不露填充物和针线为宜。由前向后缝合。

（五）整形

1. 摆设造形

把缝制好的标本要在轮廓、结构、姿态等方面进行摆设造形。使标本做到协调、对称、造型合理、栩栩如生。若做一般常态标本，就可以把翅膀收拢起来，两腿摆正，略有弯曲，头颈部要抬起。

2. 上台板

选设计好脚站在台板或支撑架的具体位置，用电钻打孔，将脚掌部位的铁丝插入孔中，使标本站起，将穿入孔中的铁丝固定，使标本稳固地站在台板上。

3. 安装义眼

义眼是用玻璃制成的，虹膜和瞳孔的颜色用油画颜料配涂而成，表面点上少许清漆以防潮。

安装义眼时，先在眼窝里垫上一层棉花，把眼眶下端的皮掀起，将义眼一端放入眼眶下端的皮内，然后边掀眼皮边压义眼，直至将义眼装进眼皮内，把义眼视线摆正。

4. 整理

可先将羽毛逆梳，使其蓬松，然后由绒羽到表羽，由大羽到小羽都应精心顺理。若翅膀的羽毛不易贴体，可用绷带缠裹起来，但不要过紧。对尾羽可用两块纸板上下夹起固定，脚趾可用大头针钉在台板上固定。这些起固定作用的附属品（绷带、夹板、大头针等），等标本完全干燥后取下。

将制作好的标本，放在阴凉通风处自然风干。在完全干燥后，对没有羽毛而颜色褪掉的部位，要用油彩颜料配涂，一般需要着色的部位有面部、颈部等。还应将喙的角质部位、腿的跗蹠部、脚趾涂上清漆，起到美观与保护作用。

5. 签注

在每件标本上应挂上标本签，注明名称、品种、雄雌、成幼、产地、制作日期及制作者等内容。

二、山鸡雏标本的制作

1. 标本鸡的选择

选择出壳干毛后的死亡雏鸡，要求羽毛光亮、蓬松，外表无缺陷、无伤痕，颜色正常的新鲜雏。

2. 剥皮

从腹中线开刀，向前切至颌下，向后切至肛门前面，剥离颈、胸、腹两侧皮肤。切开腹壁，小心拉出食管、气管、嗉囊及内脏等器官。剥皮的全部过程与方法可参照成年山鸡标本的剥皮过程。

3. 去肉与防腐

挖出脑组织、眼球、剔除胸肌和大腿部的肌肉。将皮内、骨外做防腐处理。从脚掌向上穿进细铁丝，用棉线将铁丝缠在胫骨上。从头顶至尾根，从椎管内贯穿一条细铁丝，起到支撑头颈、躯干的作用。

4. 填充与缝合

填充脑腔、眼窝，安装义眼，将颈部填充少许棉花，胸、腹、腿填充较多的棉花，从前往后依次缝合。

5. 整形干燥

按照自然状态选择最佳最美形态，在其体外包裹一层棉花，然后用粗一些的棉线，在棉花的外面缠绕固定标本的形态，将脚掌下的铁丝固定在台板上。送烘干箱中，在 70～75℃温度下烘烤 1 小时，取出风干若干小时，烘烤与风干交替进行多次，至干燥完全为止。最后再进一步修饰。

三、山鸡蛋标本的制作

取新鲜山鸡蛋为材料。把蛋放在清水中浸泡 3～4 小时，使清水由蛋壳的气孔中侵入蛋内，以稀释蛋白。在蛋壳的一侧钻一小孔。用 20 毫升注射器，装上 18 号兽用针头，先在注射器中吸满清水，将针头插蛋孔中。为了防止压力过大使蛋壳破裂，可使蛋孔朝下，针头朝上，缓缓注入清水，蛋内容物受到水的挤压，就会顺针头周围流出来。如此进行数次，蛋内即被水冲洗干净。最后用注射器将蛋壳内的清水抽净，干燥后即成标本。为增加标本的稳定性，可用石膏粉加水调成稀薄的石膏浆，灌在蛋壳内，用手指封住口，转动几次，使石膏在蛋内凝结，增加蛋壳厚度，这对长期保存更加有利。摆放标本时，钻孔朝下，以增加美观感。

四、山鸡羽毛画的制作

1. 材料的制备

为使制作的羽毛画鲜艳多彩，羽毛的制备与保存十分重要。制备过程大致为：先将死亡或被淘汰的山鸡，从腹正中线切开皮肤，往前切到颌下，往后切到肛门，将皮肤向两侧剥离；将翅膀内侧皮肤切开，剥离翅膀的皮肤；将两腿内侧皮肤切开，剥离腿部的皮肤；然后将整张皮肤从机体上剥离下来，在枕骨大孔与第一颈椎之间切下颈肌，头骨与皮肤相连，挖出脑、眼球、舌等肌肉；最后将皮肤摊开，向皮的里面撒布熟石灰，吸干皮里面的水分，放在通风处阴干备用。切记在任何情况下都不要将有羽毛这一面弄湿弄脏，防止羽毛失去光泽。

2. 作画

羽毛画适宜做山石、松鹤、亭阁、小桥、流水等题材的画。画面应简练扼要，主题突出，有写意的性质。例如作一张"松鹤图"，突出一棵古松和两只仙鹤。作画的过程大致是这样的：首先要画出背景，就是在画纸上画出远山，云雾缭绕，或雾气升腾，或日出红霞等意境，近处有古松一棵，位于远山的对面，长在岩石旁边，古松树干弯曲、苍老，枝叶有疏有密，一只仙鹤独立在岩石之上，另一只仙鹤展翅欲落，整体画面表现延年益寿、温馨祥和之意。

接着用硫酸纸或其它透明纸，铺在松、石、鹤的上面，描绘下它们的轮廓，再将这些轮廓替在一张硬纸板上，硬纸板厚度应在0.5毫米左右为宜。

最后参看画稿，按着松、石、鹤画面的要求，从山鸡的皮毛上剪下相应色彩的羽毛，用胶水粘在这些轮廓上，然后将粘好的松、石、鹤三大块分别粘到画面中，并将画面中松、石、鹤盖住，使主题画面有立体感，体现艺术之美。

3. 装画

先按画的大小做一个木质画框，画框前后应有2.5厘米左右的厚度，保证在装画时，主题画面不被玻璃压扁。框上涂以黑色或深褐色的油漆，可以衬托出画面的秀美。按照画框大小裁一块透明玻璃，镶在框内，并在玻璃后面的边缘上涂上一周约3厘米宽的不透明的蓝边，这样在装画后更能表现画面的立体感。

取一块与画面大小相同的纤维板，将画贴在纤维板上，将其用小圆钉钉在画框后面，最后在画框上边拧上两个羊眼挂钩即成。

五、羽毛扇的制作

用山鸡羽毛制作的手摇扇别具特色。首先取长短不等的山鸡翅膀的飞羽若干根，飞羽上如果有污物可用沾有消毒水的抹布擦拭干净，且不可用水洗，以免失去光泽。用手顺理羽毛上的羽支，使羽支粘合在一起。将羽根剖开，羽根剖开的方向应与羽片是平行的。然后将羽根剪成楔形，并用锤砸平。找一小块白布剪成直径约6厘米的圆形，放在一张白纸上，滴上几滴强力胶，将布与纸粘在一起。

在白纸上画一条直线，将圆布一分为二，以这条线为中轴线，在轴线的左侧和右侧均匀的呈扇形摆放羽毛，羽根都集中到圆形的白布上，并用强力胶粘结在白布上。摆放羽毛时要求一片压着一片，摆放整齐，摆放的羽毛要左右对称，向两边逐渐变短，羽毛摆放的多少，以作者爱好而定，羽毛若少，扇子的形状则长；羽毛若多，扇子的形状变圆一些。为加固羽毛，要用针线将羽根缝在白布上，并且在羽毛的羽轴上用针线横向缝上两道，起加固作用。去掉白布上的白纸。

剪两片与圆形白布相同大小与形状的纸板，纸板厚度 $1\sim2$ 毫米均可，将羽根用纸板夹住粘牢，再用针线缝制加固。取一根粗 2.5 厘米左右的木棍做扇柄，将扇柄的一端锯出深约 4 厘米的缺口，平行于缺口的两面削成坡形，将缺口夹在圆形纸板上，并用针线缝制牢固，再在纸板的两面用糨糊各粘一至二层白纸。用强力胶将山鸡翅膀的覆羽从上到下一层层地粘在纸板上，将纸板完全盖住，最后将扇柄粘上一圈美丽的纸条，至此一个山鸡羽毛扇制作成功。

参 考 文 献

[1] 郑作新等. 中国动物志：鸟纲第四卷鸡形目. 上海：科学出版社，1978.

[2] 中国农业科学院畜牧研究所. 猪鸡饲料成分营养价值表. 北京：农业出版社，1979.

[3] 赵万里. 特种经济禽类生产. 北京：农业出版社，1993.

[4] 沈广等. 中国农村科技致富实用全书. 北京：北京农业大学出版社，1993.

[5] 杨嘉实等. 中国特产（种）动物需要及饲料配制技术. 北京：中国科学技术出版社，1994.

[6] 王峰等. 珍禽饲养技术. 沈阳：辽宁科学技术出版社，1998.

[7] 张一帆等. 特种禽类养殖技术. 北京：中国农业科技出版社，1999.

[8] 王峰等. 珍禽养殖与疾病防治. 北京：中国农业大学出版社，2000.

[9] 葛明玉等. 特禽养殖技术. 北京：中国农业科技出版社，2001.

[10] 李忠宽等. 特种经济动物养殖大全. 北京：中国农业出版社，2001.

[11] 王峰等. 雉鸡鹧鸪鹌鹑饲养技术. 北京：中国劳动保障出版社，2001.

[12] 李宠全等. 高效益养鸡法. 北京：中国农业出版社，2008.

[13] 李生等. 珍禽高效益养殖技术一本通. 北京：化学工业出版社，2008.